煤矿地质构造异常体的探测研究

周 平◎著

吉林科学技术出版社

图书在版编目（CIP）数据

煤矿地质构造异常体的探测研究 / 周平著 . -- 长春：
吉林科学技术出版社 , 2022.5
ISBN 978-7-5578-9279-1

Ⅰ . ①煤… Ⅱ . ①周… Ⅲ . ①煤矿—地质勘探—研究
Ⅳ . ① P618.110.8

中国版本图书馆 CIP 数据核字 (2022) 第 072980 号

煤矿地质构造异常体的探测研究

著	周 平	
出版人	宛 霞	
责任编辑	李玉铃	
封面设计	刘梦杏	
制 版	刘梦杏	
幅面尺寸	185mm×260mm	
开 本	16	
字 数	200 千字	
印 张	11.5	
印 数	1-1500 册	
版 次	2022年5月第1版	
印 次	2022年5月第1次印刷	

出 版 吉林科学技术出版社
发 行 吉林科学技术出版社
地 址 长春市南关区福祉大路5788号出版大厦A座
邮 编 130118
发行部电话/传真 0431-81629529 81629530 81629531
81629532 81629533 81629534
储运部电话 0431-86059116
编辑部电话 0431-81629510
印 刷 廊坊市印艺阁数字科技有限公司

书 号 ISBN 978-7-5578-9279-1
定 价 58.00元

前言

矿山地质学是地质学与采矿学相结合而产生的一门应用地质学，是运用地质学理论和方法，研究在矿山建设、生产直至开采结束的不同阶段遇到的地质问题，直接为矿山生产服务的、具有鲜明实践性特征的一门学科。

矿山地质学因采矿生产的需要而产生，伴随采掘工业的发展而发展。特别是进入 21 世纪以来，由于煤矿等采掘事业的迅速增长，现代科学技术的突飞猛进，矿山地质学研究领域不断扩大，使其由原有的、以一般常规工作方法为主要内容的阶段，开始走向矿体变化性规律的分析及预测、矿区水文及工程地质、矿山环境地质、矿山资源经济、矿产补充资源、矿山资源保护、工艺矿物研究和储量计算方法的改进等为主要内容的新阶段。

本书结合近年来矿山地质领域的拓宽、矿山地质工程应用理论和技术手段的进展，以新的勘查规范、安全规程等为基础，综合了该领域的工作的优点。

本书首先介绍了煤矿地质的基本知识；然后详细阐述了煤层气地质、井巷工程地质、矿井地质、地质异常区超前探测等内容，以适应煤矿地质构造异常体的探测研究的发展现状和趋势。

由于作者水平和经验有限，书中难免存在不当和疏漏之处，敬请广大读者批评指正。

目录

01

矿山地质分析

第一节　矿山地质概述

一、矿山地质工作的意义和任务

矿山地质工作是为了查明影响矿山工程建设和生产的地质条件而进行的地质调查、评价及研究工作。

尽管矿山在基建前已进行过一定的工程地质测绘和勘查工作，但其详尽程度不能完全满足工程建设和生产需要。因此，在矿山开始基建乃至投产后，对于工程地质条件复杂的矿山仍有继续深入进行工程地质工作的必要。

过去，在矿山设计、基建或生产中，由于忽视工程地质调查研究或因工作程度不够而造成损失的教训不少。矿山地质工作的任务是更详细地查明工程建设和生产地段的工程地质基础条件，更深入地查明可能危害建设和生产的工程动力地质现象，以保证工程建设和生产的顺利进行。

二、矿山地质的主要内容

我国矿山地质尚未引起人们的足够重视。在矿床地质勘探报告中，至今未见到有工程地质的专门论述。仅大、中型矿山在规划、设计阶段，对矿区内重要的地表工程，如选厂、尾矿坝、大型建筑群的地基，做过一些工程地质勘查。因此，一般矿山直接可利用的工程地质资料很少。但地质勘探报告书中，对矿区地层岩性、地质构造、地貌、水文地质等有详尽的描述；岩石物理力学性质、物理地质现象等也有不同程度的描述。这些资料正是矿区工程地质条件的基础资料，对研究工程地质条件，以及在不同工程地质条件下可能出现的工程地质问题很有裨益。

在综合分析已有地质资料的基础上，应编写出工程地质综合评述和有关图件。

（一）区域工程地质评价

影响区域地质环境的基本因素有区域地壳稳定性、岩性地层及其组合、区域水文地质结构及水动力特征、地形切割及坡度、易变地质单元、地表物质移动等。区域地壳稳定性应着重研究区域内大断裂的基本特征。

（1）大断裂的空间分布，是指沿断裂纵向发育、横向变化以及相互交接关系，特别是断裂的端点、拐点和交接点。

（2）大断裂的形成与发展。由于构造运动的多期性，断裂形成后又经多次活动，构造应力场交替变化，其断裂的力学性质具有多样性。

（3）大断裂近期活动性，活断层控制区域稳定性、不良地质现象的区域性展布规律。活断层的存在可以通过地貌、第四系沉积物类型和厚度变化、近代火山活动、地热异常以及地形变化和地应力测量等予以论证。近期地壳运动往往导致古老构造的再活动，近期构造应力场对矿山地下工程的总体布局有决定性的影响。

区域性大断裂不同程度地控制着区域内地质发展历史及其地质构造特征。区域地质结构既限定了不同地质构造单元的地貌景观及其形成和发展过程，又决定了区域水文地质结构和水动力特征，控制着地质资源及易变性地质单元的类别和空间分布。这些因素综合决定着各种物理地质现象的发生及发展的时间、空间和强度。因此，区域地质结构是区域工程地质评价的基础，评价中要充分考虑岩性地层及组合特征，并且要进行工程地质岩组划分、区域性断裂构造特征及其空间分布的研究。区域地质结构的研究深度决定区域工程地质评价的可靠程度。

（二）矿区工程地质评价

1.山体稳定性评价

矿山工程的合理布局，应在矿山所辖较大范围内，根据已有矿区地质资料，对山体地质结构做初步分析，并对山体稳定性做初步评价。山体稳定性评价的重点应抓住组成山体的不同工程地质岩组的空间分布，尤其是软弱岩层、软弱夹层、风化岩组、构造岩组和岩溶地段的工程地质特征和空间组合状态，以及断裂结构面的空间展布和断裂带特征。软弱夹层、断裂结构面不仅是山体失稳的边界，而且控制着山体变形破坏的形式和规律。

地下水的运动规律受山体水文地质结构和区域水文地质条件控制。对山体稳定性评价时，应论证含水层和隔水层的空间分布及地下水运动特征。其重要意义不仅在于对软弱岩组、软弱结构面的软化和泥化，而且对涌水、渗流和渗透压力所引起的渗透稳定性也是十分重要的。

山体稳定性评价，也要综合考虑其他影响因素，结合矿山工程特点，确定工程合理布局。

2. 工程岩体稳定性评价

工程岩体稳定性关系到矿山正常运营。一般根据岩体结构类型，结构面的规模、形态、结合状况、延展性、贯通性、组数、产状以及地下水、地应力、地热所产生的力学效应等方面来进行工程岩体稳定性评价。

3. 矿区内物理地质现象的分析

根据已有地质资料分析矿区内是否会发生斜坡滑移、崩塌、泥石流、岩溶、潜蚀、流砂等物理地质现象，并找出其可能发生的规模、危害程度，提出进一步研究的途径、方法，为有效控制和治理奠定基础。

（三）工程地质草图的编制

国内外工程地质图编图原则、方法还不统一，所以编制出的图件各不相同。目前国内编制的工程地质图，按其内容和用途有如下一些主要图件。

1. 按图的内容

按图的内容，工程地质图可分为工程地质分析图、综合工程地质图、工程地质分区图、工程地质综合分区图。

2. 按图的用途

按图的用途，工程地质图可分为通用工程地质图、专用工程地质图。矿山地质图和矿山地质图件相对应，有反映地表工程地质条件和分区的矿区综合工程地质分区图；有反映阶段平面工程地质条件和分区的阶段平面工程地质分区图；有反映剖面工程地质条件和分区的横剖面或纵剖面工程地质分区图。根据实际需要，可以编制专用的矿山地质图，如矿区地下水赋存状态图、矿区岩溶分布图、自然斜坡变形图等。

工程地质草图的编制，一般是根据矿区地形地质图、勘探线剖面图等进行必要的补充和删改，绘制成矿区工程地质草图，并在后期工程地质勘查中不断补充和修改，成为矿区最终的工程地质图件。

（四）矿山地质条件

矿山地质条件是指与矿山工程有关的地质要素之综合，即矿区内地形地貌条件、岩土类型及其工程地质性质、地质结构、水文地质条件、物理地质现象等地质要素的综合。

矿山地质的基本任务就是查清矿区内工程地质条件，为分析和处理可能出现的工程地质问题提供基础地质资料。

（五）矿山地质问题

矿山地质问题有区域稳定问题、岩（土）体稳定问题、与地下水渗流有关的问题、常见矿山地质灾害问题等。

1. 区域稳定问题

区域稳定问题是在区域内特定的地质条件下所产生的，包括活断层、地震、诱发地震、地震砂土液化、地表变形和沉降，以及区域构造应力场强度、主应力方向等。它直接影响到矿区岩（土）体稳定。研究区域稳定问题，对矿山规划设计中重要地表建筑工程的选址、采矿方式和方法的选择具有重要意义。

2. 矿区岩（土）体稳定问题

露天矿边坡、地下坑道和采场、天然斜坡、重要地面建筑地基等岩（土）体产生严重变形破坏，称为失稳。若不发生显著变形破坏则为稳定的。失稳和稳定是相对的，有些矿山工程允许发生一定程度的变形破坏以及一些小规模的岩（土）体崩塌和滑移；但有些矿山工程不允许发生明显的变形及岩（土）体崩塌和滑移。矿区岩（土）体稳定问题关系到矿山能否正常运营，也是矿山最重要的工程地质问题。

3. 与地下水渗流有关的工程地质问题

与地下水渗流有关的工程地质问题主要是在岩溶发育的矿山所产生的岩溶渗透，以及由于渗流作用下的土体失稳。这类工程地质问题给矿山正常生产造成危害。

4. 常见矿山地质灾害问题

矿山地质灾害是指由物理地质现象或由人类活动使地质环境改变而产生的地质灾害。常见的矿山地质灾害有天然泥石流、人工泥石流、岩爆、岩堆移动、流砂等。

第二节　岩土工程与岩体工程地质性质

一、岩土工程地质性质

（一）岩土的工程地质特征

自然界的土，由于形成的年代、作用和环境不同，以及形成后经历的变化过程不同，各具有不同的物质组成、结构特征和工程地质性质。

1. 土的物质组成

土的固体颗粒（土粒）大小通常以其直径表示，称粒径。根据土粒特性与其粒径变化的关系，按粒径大小划分为若干组，称粒组或粒级。在同一粒组中，土的性质大致相同，不同粒组则性质有差异。

2. 土样采取和试验

凡建筑物的天然地基、露天边坡、天然地层均应采取原状土；凡路堤、桥头、地基基础回填均应采取扰动土；若工程对象既属天然斜坡稳定，路堤填料、桥头填土、地基基础回填等可以采取扰动土。如工程对象既是天然稳定边坡，又作土方调配填料，除采取所需原状土外，还需满足扰动土要求取样数量。如果只要求进行土的分类，可只采取扰动土。

土样可在试坑、平洞、导坑、竖井、天然地面及钻孔中采取。取原状土样时，应使其受最低程度扰动，保持其原状结构及天然湿度。

为便于分析土的物理力学性质与地质时代、成因、地层的相互关系以及在整理资料时的土样划分，送样单必须认真、准确填明有关地质资料的符号及说明。

土样采取数量应满足所要求进行的试验项目和试验方法的需要。

3. 一般土的工程地质特征

一般土是按照土的粒度划分类型。根据土与水的相互作用所表现的联结力，又可分为黏性土和无黏性土两大类。

（1）砾石类土引起的主要工程地质问题，是由其透水性极强而发生渗漏和涌水。例如，坝基、渠道、水库的渗漏，基坑及地下坑道的涌水，等等。

（2）砂类土作为坝基或渠道会产生较严重的渗漏问题。粗中砂土可为优良的混凝土骨料。细、极细砂土在渗透压力作用下易于流动，形成流沙，给工程带来危害；在振动作用下，会发生突然液化，造成建筑物的极大破坏。

（3）黏性土的工程地质性质主要取决于联结力和密实度。作为地基时，必须根据其黏粒含量、稠度、孔隙比等予以评价。其微弱透水性或隔水性常被用于防渗，也可作为土料，修建土石坝的心墙或斜墙，及防渗齿墙、坝前水平铺盖等。

4. 特殊土的工程地质特征

特殊土是指具有某些特殊性质的土体。例如，黄土具湿陷性，膨胀土具胀缩性，等等。某些特殊土则显示了地域分布特征，如华南的红土、黄河中游的黄土、高纬度及高山区的冻土等。

（1）黄土

黄土为第四纪特殊的陆相疏松堆积物。黄土在一定压力作用下受水侵蚀后，结构迅速破坏，产生显著附加沉陷的性能，称湿陷性。这为黄土独特的工程地质性质。具此特性的黄土称为湿陷性黄土。反之，则为非湿陷性黄土，前者又可分为自重湿陷性和非自重湿陷性两类。

（2）盐渍土

盐渍土埋藏在地表以下 115m 内。平均易溶盐含量大于 0.5% 的土层，称为盐渍土，主要分布于苏、冀、豫、鲁及松辽平原。按所含盐类可分为氯盐、硫酸盐、碳酸盐等盐渍土，其工程地质性质取决于盐的种类和数量。土中含盐愈高，其液塑限愈低，夯实最佳密度愈小。强度和变形与含水量有关，通常干燥状态的盐渍土具有较高的强度和较小的变形。水浸后，因盐分溶解，土被溶蚀，致使土的强度降低，压缩变形增大。

（3）冻土

冻土系温度低于零度并含有固态水的土，可分为永久冻土、多年冻土和季节冻土。冻土是由土粒、冰、水和气体四相构成的复杂综合体，比三相土具有更复杂的工程地质性质，冻结时，土体增大，土层隆起；融化时，土体缩小，土层沉降。因此，隆起和沉降引起建筑物的变形和破坏。

（4）软土

软土又称湖泥土或有机土，指静水或缓慢流水环境中有微生物参与作用的条件下沉积形成的，含较多有机质，天然含水量大于液限，天然孔隙比大于1，结构疏松软弱、味嗅的淤泥质和腐殖质的黏性土。因其形成环境、物质组成和结构特殊，因而具有独特的工程地质性质，如含水量高、孔隙比大、透水性弱、压缩性好、抗剪强度低等。

软土因其强度低、过于软弱，作为地基容许承载能力一般低于$1.0kg/cm^2$，房建规模稍大，就会发生过大沉陷，甚至地基土挤出；作为铁路路堤，不仅高度受限，而且易于产生侧向滑移和在机车振动下产生结构力学强度破坏。因此，工程遇到软土时，必须进行人工处理。

（5）膨胀土

膨胀土又称胀缩土，指因含水量增加而膨胀，减少而收缩的黏性土。

（二）岩石的工程地质性质

岩石的工程地质性质包括物理性质、水理性质和力学性质。

1. 岩石的物理性质

（1）岩石的比重

比重指单位体积岩石固体部分的重量与同体积水的重量（4℃）之比。

（2）岩石的容重

容重指单位体积岩石的重量。自然界多数岩石的容重在 2.3 ~ $3.1g/cm^3$ 之间。

（3）岩石的空隙性

空隙性是岩石孔隙性和裂隙性的统称，常用空隙率表示，即岩石空隙体积与岩石总体积的百分比。

岩石空隙率变化很大，可以从小于1%到10%。新鲜结晶岩石空隙率较低，很少大于3%；沉积岩空隙率较高，一般小于10%，但部分砾岩和充填胶结较差的岩石，空隙率可达10% ~ 20%。风化程度加剧，空隙率相应增加，可达30%。

2. 岩石的水理性质

岩石的水理性质指岩石在水的作用下所表现的性质，包括岩石的吸水性、透水性、软化性和抗冻性等。

（1）吸水性

吸水性指岩石在一定试验条件下的吸水性能。它取决于岩石空隙的大小、数量、开闭程度和分布状况。表征岩石吸水性的指标有吸水率、饱水率和饱水系数。

（2）透水性

透水性指岩石能被水透过的性能。岩石透水性大小可用渗透系数衡量。它主要取决于岩石空隙的大小、数量及其连通情况。

（3）软化性

软化性指岩石浸水后强度降低的性能。岩石软化性与岩石空隙性、矿物成分、胶结物质有关。

二、岩体工程地质性质

（一）岩体结构

由一定岩石组成的、具有一定结构、赋存于一定地质和物理环境中的地质体，当其作为力学研究对象时，称为岩体。岩体在漫长的地质历史中形成，且在内外力地质作用下变形、破坏并部分裸露于地表面进一步改造，形成极为复杂的岩体结构。也就是说，岩体结构是岩体在长期成岩和形变过程中的产物，它包括结构面和结构体两个基本要素。

1.结构面

结构面是地质发展历史中，尤其是构造变形过程中，在岩体内形成具有一定方向，延展较大、厚度较小的两维面状地质界面。它包括物质分界面和不连续面，如层面、片理、节理、断层面等。

（1）结构面类型及特征

结构面对岩体的变形、强度、渗透、各向异性、力学连续性和应力分布等具有显著影响。按结构面的成因，可将其划分为原生结构面、构造结构面和次生结构面三大类型。

（2）结构面的规模等级划分：按其对岩体力学性质所起控制作用，可划分为五个等级：

Ⅰ级：指大断层或区域性断层。控制工程建设地区的地壳稳定性，直接影响工程岩体稳定性。

Ⅱ级：指延伸长而宽度不大的区域性地质界面。

Ⅲ级：指长度数十米至数百米的断层、区域性节理、延伸较好的层面及层间错动等。

Ⅳ级：指延伸较差的节理、层面、次生裂隙、小断层及较发育的片理、劈理面等。是构成岩块的边界面，破坏岩体的完整性，影响岩体的物理力学性质及应力分布状态。

Ⅴ级：又称微结构面。常包含在岩块内，主要影响岩块的物理力学性质，控制岩块的力学性质。

（3）软弱夹层

结构面内充填有软弱物质者称软弱结构面，无充填物质者称硬性结构面。当结构面成为具有一定厚度的相对软弱的层状地质体，便构成软弱夹层。软弱夹层实际上是具有一定厚度的结构面，是结构面的一种特殊类型。按软弱夹层的成因，可划分为原生软弱夹层、构造软弱夹层和次生软弱夹层。

软弱夹层中，最常见、危害较大的是泥化夹层。泥化夹层对工程岩体影响较大，主要特征是：原岩结构改变，形成泥质散状结构或泥质定向结构；粘泥含量较原岩增多；含水量接近或超过塑限；干容量比原岩小；具有一定的膨胀性；力学强度大为降低，压缩性增大；结构松散，抗压强度低，在渗透水流作用下可产生渗透变形。

2.结构体

岩体中被各类各级结构面切割并包围的岩石块体及岩块集合体，通称为结构体。结构体大小不同、形状各异，所具有的力学性质也不同。

（1）结构体基本形态

结构体形态复杂，归纳为五种基本形态——锥形、楔形、菱形、方形和聚合形。由于岩体遭受强烈变形破坏及次生演化，也可形成片状、碎块状和碎屑状。岩体的力学特性和应力状态，与结构体的形态和排列组合密切相关。

（2）结构体分级

结构面规模不同，其空间展布和组合关系的差异及其切割包围的结构体大小也不同。这些大小悬殊的结构体，对工程岩体稳定性所起的作用差别很大。对应于各级结构面的组合关系，结构体分为四级：Ⅰ级结构体——断块体；Ⅱ级结构体——山体；Ⅲ级结构体——块体；Ⅳ级结构体——岩块。

3.岩体结构类型

岩体结构包括结构面和结构体两个基本要素。以结构面、结构体的性状及其组合特征进行岩体结构类型的划分，能反映出岩体的力学本质。

（二）工程岩体分级

工程岩体是指受工程影响的岩体，包括地下工程岩体、工业和民用建筑地基、大坝基岩、边坡岩体等。针对不同类型岩石工程的特点，根据影响岩体稳定性的各种地质条件和岩石物理力学特性，将工程岩体分成稳定程度不同的若干级别，以此为标尺作为评价岩体稳定的依据，是岩体稳定性评价的一种简易、快速方法。所谓稳定性，是指在工程服务期间，工程岩体不发生破坏或有碍使用的大变形。

（1）初步定级

矿山地下工程岩体以及露天边坡岩体，初步定级时，可采用规定的岩体基本质量级别。

①初步定级一般是在可行性研究和初步设计阶段，勘查资料不全，工作还不够深入。各项修正因素尚难以确定时可暂用基本质量的级别作为工程岩体的级别。

②对于小型或不太重要的工程，可直接采用基本质量的级别作为工程岩体的级别。

（2）详细定级

矿山地下工程岩体以及露天边坡岩体，其影响工程岩体稳定性的诸因素中，岩石坚硬程度和岩体完整程度是岩体的基本属性，独立于各种岩石工程类型，反映了岩体质量的基本特征，但它们远不是影响岩体稳定的全部重要因素。地下水状态、初始应力状态、工程轴线或走向线的方位与主要软弱结构面产状的组合关系等，也都是影响岩体稳定的重要因素。这些因素对不同类型的岩石工程，其影响程度往往是不一样的。因此，在详细定级时，应结合不同类型工程的特点，综合考虑这些因素。对于矿山边坡岩体，还应考虑地表水的影响。

在矿山地质勘查中，随着工作的深入，资料不断丰富，应结合不同类型工程的特点、边界条件、所受荷载（含初始应力）情况和运用条件等，引入影响岩体稳定的主要修正因素，对矿山工程岩体做详细定级。

（3）岩体初始应力场评估

岩体初始应力或称地应力，是在天然状态下，存在于岩体内部的应力，是客观存在的确定的物理量，是岩石工程的基本外荷载之一。岩体初始应力是三维应力状态，一般为压应力。初始应力场受多种因素的影响，主要影响因素依次为埋深、构造运动、地形地貌、地壳剥蚀程度等。但在不同地方这个主次关系可能有改变。

①岩体初始应力场的特点。在其他影响因素不显著情况下，初始应力为自重应力场，上覆岩体的重量是垂直向主应力，沿深度按直线分布增加。历次发生的地质构造运动，常影响并改变自重应力场。国内外大量实测资料表明，垂直向应力值往往大于岩体自重；国内外实测水平应力，且大于或接近实测垂直应力。实测资料还表明，水平应力并不总是占优势的，到达一定深度以后，水平应力逐渐趋向等于或略小于垂直应力，即趋向静水应力场；这个转变点的深度，即临界深度，经实测资料统计，在 1000 ~ 1500m 之间。

②确定初始应力的方向。这是一个极为复杂的问题。一般采用地质力学分析法，分析历次构造运动，特别是近期以来的构造运动，确定最新构造体系，根据构造线确定应力场主轴方向。根据地质构造和岩石强度理论，一般认为自重应力是主应力之一，另一主应力与断裂构造体系正交。

③高初始应力区的评估。许多地下工程实践证实，岩爆和岩芯饼化产生的共同条件是高初始应力。一般情况下，岩爆发生在岩石坚硬、岩体完整或较完整的地区，岩芯饼化发生在中等强度以下的岩体。一定的初始应力值，对不同岩性的岩体，影响其稳定性的程度不同。为此，用岩石单轴饱和抗压强度与最大主应力的比值，作为评价岩爆和岩芯饼化发生的条件，进而评价初始应力对工程岩体稳定性影响的指标。

④岩体初始应力值。最有效的方法是进行现场测试而获得准确值。对大型矿山重点工程或特殊工程，宜现场实测岩体初始应力，以取得其定量数据；对一般矿山工程，有岩体初始应力实测数据者，应采用实测值；无实测资料时，可根据勘探资料，对初始应力场进行评估。

第三节 矿井地质勘探

矿井地质勘探是继煤田普查、勘探之后，在矿井设计、建设和开采过程中所进行的地质勘探工作。

井田精查地质报告虽然是矿井设计的主要地质依据，但由于勘探资料与实际情况之间尚存在着差别，其了解的精度还不能完全满足矿井建设和开采的需要。因此，往往还要借助勘探手段去获得可靠的地质资料，提高储量级别，增加矿井可采储量，延长矿井服务年限，查明影响采掘生产的地质因素，以保证生产正常进行。

矿井地质勘探的任务主要包括以下几个方面：

（1）建井地质勘探。它是在新井开凿之前，为了满足井筒和主要运输巷道设计施工的需要，查明井巷所在位置的岩层、煤层、构造及水文地质情况而进行的勘探工作。

（2）生产地质勘探。它是为直接解决采区准备和工作面回采等环节中影响生产的地质因素而组织的临时性勘探工作。

（3）矿井补充勘探。它是在新水平和新开拓区设计之前，为了满足开拓设计的需要，查明设计区内的地质构造、煤层赋存情况、其他地质和水文地质问题，提高勘探程度和储量级别而进行的勘探工作。

老矿井、老采区的找煤勘探工作及一些为煤矿生产建设服务的特殊技术钻孔，如冻结钻、灭火钻、通风钻、放水钻、注浆钻、送电钻、放顶钻及煤体注水泄放瓦斯钻等，也由矿井地质部门组织施工。

矿井地质勘探的特点：

（1）矿井地质勘探是在现有煤矿生产的基础上进行的，有丰富的第一性资料可供勘探设计参考利用。

（2）直接为采掘生产建设服务。在确定勘探时间和布置勘探工程时，必须考虑到生产接替计划及采掘工程设计施工的需要。

（3）勘探任务往往是为了解决影响矿井生产建设的某一专门性的地质问题。勘探成果直接提交生产使用，而不必提供完整的地质报告。

（4）工程布置应充分利用矿井的有利条件，尽可能从井下近距离向空间各个方向施工。勘探手段多采用井下钻探、巷探及井下物探，不仅进度快、质量高、成本低，而且能获得地面勘探不易得到的地质资料。

一、建井地质勘探

在新井开凿之前，为了正确地掌握井筒剖面，编制施工设计方案，一般必须打井筒检查钻孔。在开凿井底车场和主要运输巷道时，为了确保主要井巷工程的质量，正确确定主要运输巷道的位置和方向，有时需要打层位控制钻孔。

（一）井筒检查钻孔

1. 井筒检查钻孔的布置原则

由于井筒的开拓方式不同，井筒的数目和间距不同，井筒检查钻孔布置原则也不一样。

（1）竖井检查钻孔的布置原则

①水文地质条件简单时，在两个井筒中心连线的中点打一个检查钻孔，其偏离范围不得超过 10m。

②水文地质条件中等时，除在两个井筒连线的中点打一个检查孔外，还应在其延长线的任意一端增打一个检查孔。该孔位置距离邻近井筒中心以 10～25m 为宜。

③水文地质条件复杂时，一般井筒两侧都应有检查孔控制。其数目视具体情况而定，钻孔位置应尽量放在井筒中心连线的延长线上，以便于资料整理及对比分析。

④单个井筒施工时，检查孔布置在井筒周围，距离井筒中心以 25m 左右为宜。

⑤除探测岩溶和特殊施工外，检查孔不得布置在井筒圆圈以内或者井底车场的上方。在终孔深度以内，最大偏斜位置距离井壁不得小于 5m，以免日后井巷淋水。

⑥检查钻孔的终孔深度应达到井筒落底标高以下，在可能条件下应打到未来延深水平。

如果在设计井筒周围 25m 左右已有钻探资料，或已掌握了地质及水文地质情况，能提出满足施工要求的地质预想剖面图时，可以不打检查钻孔。

（2）斜井检查钻孔的布置区别

斜井井筒检查钻孔，应打出一条平行于井筒中心线的完整剖面。该剖面位置距井筒中心线不大于 25m。钻孔数目一般不少于 3 个，其中第一个钻孔控制煤层或基岩露头，最后一个钻孔布置在井筒落底与平巷连接处附近，检查孔的终孔深度应达到该孔所在处斜井底板标高以下。

（3）平硐检查钻孔的布置原则

平硐检查钻孔的布置原则与斜井基本相同。但应根据岩石倾角的陡缓，布置有足够的钻孔穿过平硐所通过的各个层位，并严格控制平硐的见煤位置。对于顺层平硐，应查明煤层底板标高、平硐所在层位的岩性和厚度。检查孔的终孔深度应达到平硐水平标高以下。

2. 井筒检查钻孔的资料编制

检查钻孔所获得的资料是建井施工的依据，要求准确、可靠。因此，必须严格按设计要求施工，以保证检查钻孔的质量。钻孔终孔后，应提交井筒检查孔竣工报告书，主要说明以下内容：

（1）井筒穿过的表土层、岩层和煤层的物理力学性质、厚度和埋藏深度，松散层、底砾层、流砂层、基岩风化带、断层破碎带的深度。

（2）井筒穿过的含水层层数、岩性、厚度、埋藏深度、裂隙和岩溶的发育程度，以及各含水层的水量、水位、水质和地下水动态。采用特殊凿井时，还应补充地下水的流向、流速和水温资料。

井筒检查孔竣工报告应以图表为主，图件包括井筒位置和检查钻孔平面布置图（1∶1000）、井筒检查孔地质剖面图（1∶1000）、井筒检查孔柱状图（1∶200）。附表包括：各种样品分析、测试成果表；抽水试验、地温测量成果曲线图表；等等。

（二）层位控制钻孔

随着采煤机械化程度的不断提高，井巷工程对地质条件的要求也越来越高。

主要运输巷道既要保持平直，又要与各主采煤层联络方便。为了满足主要运输巷道及硐室的设计和施工要求，在地质构造复杂，煤、岩层厚度和产状变化较大，邻近勘探钻孔资料准确度较差的情况下，在开拓设计施工之前，须在设计拟定的运输大巷及主要硐室位置上打超前导向钻孔或层位控制钻孔，以查明巷道所在水平的煤、岩层的层位、分布、厚度和岩性，以及地质构造情况。层位控制钻孔一般应布置在初步设计拟定的工程轴线的平行线上，钻孔完成后要编制控制孔柱状图（1：200）、预想水平切面地质图（1：1000）、沿工程轴线地质剖面图（1：500～1：1000）及简要文字说明和附表。

对于地质构造简单，煤、岩层产状稳定，勘探资料可靠的矿井，可以不布置层位控制钻孔。

二、矿井补充勘探

矿井补充勘探是指在新水平或新开拓区设计之前，在资源勘探基础上进行的勘探工作。这项工作的目的，在于提高设计区的勘探程度和高级储量比例，保证生产的正常接续。这是一项随着矿井逐步从中心向两翼、由浅部向深部发展而进行的勘探工作。

（一）矿井补充勘探的原则

矿井补充勘探应遵循以下几项原则：

（1）矿井补充勘探时间的确定，必须满足矿井生产接续的需要。补充勘探应在上一生产水平或老开拓区产量出现递减趋势之前安排，并能满足补充勘探设计、施工和报告编制，以及新开拓区设计、新开拓工程施工所需的全部时间要求。

（2）补充勘探程度的要求，应达到规定的延深水平开拓前的地质工作标准。

（3）补充勘探工程布置系统，原则上应继承原有勘探线系统；加密勘探线应尽量与石门、采区上（下）山等主要井巷工程的位置和方向一致，以便充分利用已有钻孔和井巷资料编制完整的地质剖面，为主要巷道的设计与施工提供可靠的地质依据。

（4）补充勘探工程密度，应以普遍提高勘探程度、满足水平延深工程设计要求为准。在总结我国补充勘探经验的基础上，提出了不同矿井地质条件类别的钻孔基本线距和极限布孔密度，可以作为确定补充勘探工程密度的依据。

（5）补充勘探工程的布置，要在充分利用已有地质资料和已知地质规律的基础上，针对问题，全面规划，合理布置，以便用较少的勘探工程量获得最佳的地质效果。要充分发挥矿井地质勘探的特点，做到井上井下结合，勘探工程与井巷设计工程结合、当前与长远结合、原则性与灵活性结合，以满足矿井生产建设的要求。

（6）补充勘探技术手段的选择应充分利用矿井的有利条件，因地制宜，把地面钻探、井下钻探、物探和巷探结合起来，配套使用。

垂深超过1000m的地区，地面钻孔原则上只对煤层赋存情况和主要构造进行必要控制，而加密勘探工程应设法在井下布置。当地面布孔深度过大，或地形、地物影响施工以及穿过采空区施工困难和地层倾角大影响资料准确性时，宜采用井下布孔。各种地面钻孔应本着一孔多用的原则，充分发挥其作用。每一矿井原则上应有两个以上的钻孔进行地温、瓦斯测定和伴生矿产取样。有地热和瓦斯危害的矿井，测温和瓦斯采样不少于两条剖面，每条剖面上的测温孔或瓦斯采样孔不少于2个。

（二）矿井补充勘探设计、施工和地质报告编制

进行矿井补充勘探之前，必须编制正式的补充勘探设计，并报矿务局审定和上级主管部门批准。编补充勘探设计时，应抓住两个关键，一是要了解矿井的生产规划及新区的开拓部署，领会设计部门意图；二是要对原有勘探资料和生产地质资料进行认真的分析和对比，明确存在的问题，有根有据地提出矿井地质条件类别。

在进行补充勘探设计时，首先要确定补充勘探工程的合理网度。勘探网度是指勘探工作的基本线距和线上的孔距，它是进行补充勘探设计的基础。一般通过探采对比的方法，在检验资源勘探网度合理性的基础上，确定补充勘探的合理网度。

探采对比是将原地质勘探资料与采后实际地质资料进行科学的分析和对比。通过探采对比，找出两者的异同，确定原勘探资料的误差，并分析产生的原因和原勘探网度存在的问题。探采对比的内容和项目是多方面的，但重点是构造、煤

厚和储量。探采对比的方法可简单概括以下几点：

（1）通过采后实际地质资料的定性分析和定量统计，可以准确判断已采区的构造复杂程度和煤层稳定性，揭示它们沿走向和倾向的变化趋势和规律，定准矿井地质条件的类别。

（2）通过原勘探线剖面和实际矿井地质剖面中煤层构造形态的对比，可以确定控制煤层构造所需的合理孔距。

（3）在已采地段，用逐步抽稀或逐步加密勘探工程的方法，测算出不同勘探网度下煤层稳定性定量评价参数的变化，如煤厚的算术平均值、标准差、变异系数、煤层可采性指数等。找出参数相对稳定的那些勘探网度，其中最大的勘探网度就是本区控制煤层厚度变化最合理的网度。

在确定勘探工程基本线距时，应根据构造复杂程度和煤层稳定程度中勘探难度较大的一个因素来确定。构造和煤层两个主要地质因素的类别，原则上以整个井田为单位，如果井田范围内不同地段的构造复杂程度差异明显时，应根据实际情况区别对待；如果井田范围内不同煤层的稳定程度不同时，应按厚度和储量占优势的煤层类别确定基本线距。

三、生产地质勘探

生产地质勘探是为直接解决采区准备、巷道掘进和工作面回采各个环节中所出现的影响生产的地质问题而组织的临时性勘探工作。它贯穿于矿井开采的整个过程，是矿井地质工作的一项经常性任务。

生产地质勘探工作主要是查明采掘区域内的煤层赋存状态、不稳定薄煤层的可采范围、地质构造变化、断失煤层位置、岩浆侵入体和岩溶陷落柱的分布、含水层位置及瓦斯聚积区等地质情况。

生产地质勘探直接为开拓、掘进和回采工作服务，实践性很强，因此必须熟悉生产过程，充分了解采掘部门的要求，灵活运用勘探手段。例如，开采深度距地表较浅，地质问题距巷道较远，除采用地面打孔以外，一般对巷道邻近的薄煤层、含水层、掘进遇到的断层，均可运用井下钻探。对于煤层厚度变化较大，穿过断层群寻找可采煤层的构造复杂区，最好利用巷探。这些巷探的布置应尽可能地结合生产需要，以便两用。

（一）采区准备过程中的生产地质勘探

生产地质勘探配合采区准备工作，主要是弄清采区地质构造状态、煤层赋存状况，以提高储量级别和资料的精确程度，使采区布置合理，施工安全、方便。进行新采区设计时，往往由于煤层赋存状况不清，需要布置一定的生产勘探钻孔，进一步控制煤厚、产状和构造变化。对煤层群中构造复杂、煤厚变化大的薄煤层，通过钻孔不能肯定可采价值时，尽量使用风巷超前的方法来圈定可采块段。

（二）巷道掘进过程中的生产地质勘探

进入巷道掘进阶段的生产勘探，是为了圈定不稳定薄煤层的可采范围，查清断层情况，寻找断失翼煤层，以指导巷道掘进的正确方向。煤层薄，变化大，又受地质构造破坏的地段可采边界的圈定，只靠邻近巷道打钻，往往不能解决问题，这就需要运用巷探进行追索。在巷道掘进中遇到断层，当断失方向、水平错距及延展情况不好确定时，一般在迎头布置放射状钻孔加以探测。

（三）工作面回采过程中的生产地质勘探

在工作面回采过程中，有时也需要进行一定的勘探工作，以查明煤层的厚度变化，煤层冲刷变薄、夹矸透镜体等原生构造和小断层、岩溶陷落柱、岩浆岩侵入体等各种地质构造，指导回采工作的顺利进行。工作面回采过程中的勘探工作一般采用井下钻探和井下物探方法。在井下钻探不能解决问题时，可应用巷探方法，但应进行合理设计，力争一巷多用。

四、矿井地质勘探方法

矿井地质勘探的主要技术手段是钻探、巷探和物探。各种技术手段的选择，取决于地质上的要求、技术上的可能和经济上的合理。一般原则是：先井下后地面，先钻探后巷探，积极开展井下物探；力求达到速度快、成本低、质量高；充分满足地质要求，及时配合采掘生产。

（一）钻探

钻探是矿井地质最主要的勘探技术手段。按钻探工程施工场所和要求的不同，可分为地面钻探和井下钻探两类。

地面钻探主要用于矿井资源勘探、补充勘探和专门工程勘探，是提高延深水平或新开拓区勘探程度，查明重大地质和水文地质问题，满足某些专门工程设计和施工要求所不可缺少的技术手段。

井下钻探主要用于生产地质勘探，是在巷道掘进和工作面回采过程中常用的技术手段，用于探查各种影响生产正常进行的地质因素。

井下钻探具有设备轻巧、安装方便、操作简单的优点，并可以"扇形"布置钻孔，即在同一地点向不同的方向和角度施工钻孔，十分适用于井下探煤层、探构造、探放水等生产勘探工作。

布置井下钻孔时，应根据井巷揭露的实际地质资料和已掌握的地质规律，认真分析探查对象的可能形态、产状和位置，科学合理地进行布置，在可能的情况下，井下钻孔应尽量布置在原勘探线剖面上，或与设计的采掘工程方位一致，以便编制地质剖面，指导采掘工程施工。

（二）巷探

巷探是矿井地质工作中常用的另一种重要技术手段。在无钻探条件，或利用钻探手段不能取得必要的地质资料时，则可考虑巷探手段。但必须考虑采掘生产的需要，尽量做到一巷多用，既用以探明地质情况，又为采掘工程准备了辅助巷道。否则，只能采用最小的断面，并和钻探工程配合使用。

1.巷探的应用范围

巷探应用在如下几个方面：

（1）查明中、小断层密集块段煤层的可采性，查明岩浆侵入体、冲刷带和岩溶陷落柱对煤层的影响范围，圈定不稳定煤层和处于临界可采厚度煤层和高灰分煤层的可采界限等。

（2）控制水平、采区和回采工作面的边界断层，确定煤层走向变化地区运输巷道的方向和层位，进行残采区的找煤和复采等。由于生产巷道已经进入，当延长巷道，或者生产需要提前掘进巷道时，只要合理安排巷道施工顺序，则先期掘进的生产巷道即可起探巷的作用。

（3）地质构造复杂、煤层极不稳定、勘探程度又低的地方小型煤矿和勘探生产井，只能采用边掘、边探、边采的方法进行生产，这时巷探就成为矿井地质最主要的勘探技术手段。

2. 巷探的布置方式

巷探的布置方式可归纳为以下几类。

（1）平行巷道超前掘进

当邻近的运输巷和风巷并行掘进时，为了保证运输巷的设计层位和方向，可采用回风巷超前的方法。一般超前 150m 以上，查明掘进前方的煤岩层走向、褶皱和断层情况，以指导运输巷的掘进。

（2）阶段石门超前控制

按阶段石门布置方式的矿井，每隔一定距离必须开凿一个石门。这些石门既是生产的必须巷道，又是提前查明煤系、煤层和构造特征的探巷。

（3）延长顺层煤巷和布置短探巷

为了准确控制断煤交线、煤层可采边界、侵入体和陷落柱的接触面，保证压边掘进，减少煤柱损失，常采用延长生产巷道或每隔一定距离布置短探巷的方法，揭露和查明上述界面。

（4）穿层掘进专门探巷

为了控制煤层和构造，也可布置专门性探查巷道，并以最小的断面、最短的距离、最快的速度，查明探查区内的主要地质问题。

（5）调整采面巷道施工顺序和布置处理巷道

为了探明回采工作面内影响正常回采的地质变化，可采用调整巷道施工顺序，先掘开切眼，查明褶皱枢纽的位置和方向，然后再掘沿轴中间巷，还可以处理巷道与探巷结合。

（三）物探

井下地球物理勘探方法是矿井地质勘探的又一重要手段。近年来，随着煤矿生产机械化水平的日益提高，矿井地质构造和煤层厚度变化对煤炭采掘生产的影响问题日趋严重，当采掘工程遇到地质变化后再采取措施的传统方法已不能满足现代化煤矿生产的要求。

由于物探方法能够在一定程度上预先发现采掘区前方的地质变化，为生产提供预见性的地质资料，因而受到人们的关切和重视。国内有多家科研单位吸收和学习国外的有关技术和经验，先后研制和试验了许多物探仪器，在探测巷道前方和工作面内的小断层、陷落柱、煤层厚度变化、岩溶陷落柱、采空区等方面取得了一定的成效。矿井物探方法具有以下优点。

（1）简便、快捷、经济

物探设备一般较轻便，可携带至井下巷道中使用；可较迅速地查明盲区内的地质变化，大大节省钻探和巷探工作量。

（2）方法多样

目前，在国际上已试验采用的有地震槽波法、地震透视法、纵波速度法、横向层波法、折射地震法、高频地震法、无线电波法、无线电波透视法、无线电波定位法、地质雷达法、电阻率法、超声波法、磁法、微重力法、红外线法、放射性法等。各种方法都能解决一定的地质问题。同时可以根据要解决的问题，按照地质和地球物理条件进行选择；或采用几种方法的综合，更能完善与精确地查明矿井地质问题。

第四节　矿井地质资料的编制

矿井地质资料主要包括煤炭地质说明书、矿井地质报告、地质预报和采后地质总结。这些资料是在地质观测编录、生产地质勘探和矿井地质制图的基础上编制的，是矿井制定规则、编制设计、指导施工和组织管理的地质依据，是矿井重要的技术基础资料。编制矿井地质资料是矿井地质工作的一项常规任务。

一、煤炭地质勘查资料的内容和用途

（一）内容

煤炭地质勘查资料报告是综合说明煤炭地质勘查项目的目的、任务、勘查方法、勘查类型、勘查工程布置、勘查工程质量，阐述勘查区地层、构造、煤层、煤质特征和开采技术条件，描述煤炭资源储量的空间分布、质量、数量，论述其控制程度和可靠程度，评价其经济意义等内容的文字说明和图表资料，是地质勘查项目勘查成果和研究成果的总结。

（二）煤炭地质勘查报告用途

煤炭地质勘查报告的用途如下：

（1）勘探报告可作为矿井设计和建设的地质依据，详查报告可作为矿区总体规划的地质依据，普查报告可作为煤炭工业远景规划的地质依据，预查报告可为抵制勘查规划提供地质依据。在资源条件好的地区，普查报告也可作为矿区总体规划的地质依据。

（2）煤炭地质勘查报告也可作为以矿产勘查开发项目公开发行股票、其他方式融资，以及矿业权转让时有关资源储量评审备案的依据。

（3）煤炭地质勘查报告也是政府部门矿产资源管理工作和有关单位科研、教学的重要技术资料。

二、煤炭地质勘查报告编写基本准则

煤炭地质勘查报告编写基本准则如下：

（1）煤炭勘查分为预查、普查、详查、勘探四个阶段，每一勘查阶段工作结束后，应编写相应阶段的地质勘查报告。勘查投资人确定各阶段连续工作，不编写中间报告的，应在该勘查项目结束时以全部勘查资料编写报告。勘查期间所放弃的勘查区块，应以放弃区块内已取得的资料为基础编写该放弃区块的报告。因项目中途撤销而停止地质勘查工作的，应在已取得资料的基础上编写地质勘查报告。

（2）地质勘查报告必须客观、真实、准确地反映勘查工作所取得的各项资料和成果。其编写的基础是：地质勘查工作符合国体矿产地质勘查规范总则、有关矿种地质勘查规范及其他有关规范的技术要求；已取全、取准第一性资料，并经过了综合研究。

（3）地质勘查工作与项目可行性评价应紧密结合，地质勘查报告中应包括地质勘查和可行性评价工作；可行性评价分为概略研究、预可行性研究、可行性研究三个阶段。评价程度为概略研究的，由勘查单位直接编入报告；评价程度为预可行性研究或可行性研究的，应在勘查报告中引述该项目预可行性研究报告或可行性研究报告的主要结论。

（4）地质勘查报告的内容要有针对性、实用性和科学性。原始数据资料准确无误，研究分析简明扼要，结论依据可靠。要力求做到图表化、数据化。资源/储量的估算应采用计算机技术，提倡针对勘查工作的实际和适用条件，采用成熟的并经审定的新估算方法。提倡采用计算机技术编写报告。

（5）地质勘查工作应按照有关地质勘查规范对各勘查阶段的要求（或勘查合同的约定）部署工作，并取得相应阶段的各项勘查数据资料。本标准所附煤田地质勘查报告编写提纲适用于勘探阶段。在勘查程度达不到勘探阶段的情况下使用该编写提纲时，可根据实际需要对所列项目进行增减、取舍，但所取得的勘查数据资料及有关文件必须全部进入报告，不应遗漏。

三、煤炭地质勘查报告编写要求

煤炭地质勘查报告的编写要求如下：

（1）地质勘查野外工作结束前，应按照有关规范和勘查设计的要求，由勘查投资人或勘查单位上级主管部门组织对勘查工作区的工作程度和第一性资料的质量进行野外检查验收。检查验收中发现的重大问题，应责成勘查单位在报告编写前解决。未经野外验收，不应进行报告编写。

（2）在地质勘查报告编写前，报告编写技术负责人应结合矿种特点、勘查工作区实际情况以及勘查投资人的具体要求（供矿山建设设计的报告还应听取矿山设计单位意见），拟定切合实际的报告编写提纲，送勘查投资人批准。批准后的报告提纲在使用中如需做重大变动，应将变动后的提纲送勘查投资人审核同意。

（3）报告编写技术负责人根据批准的报告编写提纲组织编写工作，应制订出工作计划，并在执行过程中随时检查，发现问题及时解决，保证报告编写按时完成。报告编写中，应定期进行质量检查，对需研究的各类问题，应及时组织讨论，统一认识，将结果准确、客观地反映在报告中，但属于学术上的不同观点不需在报告中论述。

（4）地质勘查报告应由报告正文、附图、附表、附件组成。矿业权人为保守商业秘密或适应政府的地质资料汇交管理的需要，可酌情将正文内容合理分册编写，每册单独装订。

（5）地质勘查报告名称统一为××省（市、自治区）××县（市、旗或矿田、煤田）××矿区（矿段、井田）××矿（指矿种名称）××（勘查阶段名称）报告。报告附图的图式、图例、比例尺等按照有关技术标准执行。

（6）勘查工作中形成的原始资料，由报告编写技术负责人组织，按照有关技术标准的要求立卷归档。地质勘查报告按照政府有关矿产资源储量评审认定的规定，经初审后送交评审认定，并由报告编写技术负责人按照评审中提出的修改意见组织对报告的修改。评审认定后复制的报告，按照政府有关地质资料汇交的规定进行汇交。

（7）地质勘查报告经评审认定后，应将评审认定文件作为附件附于报告中。

四、煤炭地质说明书的编制

煤炭地质说明书是为各项采掘工程设计、施工和管理提供的地质资料。根据矿井生产建设各阶段工程的特点和对煤炭地质说明书的不同要求，煤炭地质说明书分为建井煤炭地质说明书、开拓区域（或水平延深）煤炭地质说明书、采区（或盘区）煤炭地质说明书、掘进煤炭地质说明书和回采煤炭地质说明书五种。

（一）建井煤炭地质说明书

建井煤炭地质说明书（或基建工程煤炭地质说明书）是为建井部门进行基建工程设计、选择施工方案、制定作业规程和指定井巷施工所提供的地质依据。它是根据地质勘探和检查钻孔资料，按照基建工程设计与施工的要求，经分析、整理编制而成。

建井煤炭地质说明书包括文字说明和图件两部分。文字说明部分首先简述施工地点，工程编号，井筒开凿的起点、终点和方向，井底车场的工程布置等；然后简要分析施工区的地质、水文地质和工程地质条件，如井筒穿过的主要岩土层的岩石力学性质、裂隙发育情况、岩层厚度、可采煤层的位置、各煤层间的层间距，着重阐明基岩风化带、断裂破碎带、强含水层、流沙层、不稳固岩（土）

层、煤层、瓦斯和地温等对基建工程设计与施工的影响；明确提出设计和施工中应注意的问题和建议。

图件部分应有井筒预想柱状图（竖井）或井筒预想剖面图（斜井和平硐）（比例尺为 1：200）、井底车场预想水平切面图（比例尺 1：500～1：1000）等图件。有时，还可根据不同的地质情况和设计施工的要求附加一些必要的图件，如井田中央地质剖面图、冲积层中含水层的分布图等。

矿井基建工程包括井筒、井底车场、硐室及主要运输巷道。这些工程使用时间长、基建投资大、施工技术复杂。在设计和施工时，既要照顾到开拓系统本身的需要，又要根据围岩的工程地质、水文地质条件来选定工程的位置、结构和施工方法。因此，编制建井煤炭地质说明书须熟悉基建工程设计和施工的地质要求，并根据这些要求有针对性地提供可靠的地质资料。

（二）开拓区域（或水平延深）煤炭地质说明书

开拓区域（或水平延深）煤炭地质说明书是为新开拓区域或新水平设计、施工和管理提供的地质资料。它是根据煤田勘探、建井、生产地质勘探和相邻已开拓区的地质资料，按照开拓设计与施工的要求，经分析整理编制而成。

开拓区域（或水平延深）煤炭地质说明书主要阐述开拓区域或延深水平内影响开拓的地质条件。重点是区域内的地质构造、煤系、煤层和水文地质情况。该说明书包括文字说明和图件两部分。文字部分主要说明新开拓区的位置、范围及其与邻近已开拓区的关系，煤层及其顶底板情况，地质构造情况，水文地质情况和岩浆侵入体、河流冲刷带、岩溶陷落柱等其他地质情况。此外，还应包括储量计算内容和对影响开拓设计和施工的问题提出合理的建议。

图件部分包括：各煤层底板等高线图（急倾斜煤层为立面投影图）附储量计算图（1：1000～1：5000），井筒（延深部分）预想柱状图或剖面图（1：200～1：1000），地质剖面图（1：1000～1：5000），综合柱状图（1：200～1：500），井上下对照图（1：2000～1：5000），倾斜、急倾斜多煤层矿井应附水平切面图（1：1000～1：5000）。

矿井的新区开拓和水平延深，是确保矿井生产正常接续，实现稳产、高产的关键，具有重要的战略意义。为了制定合理的开拓方案，矿井地质人员必须了解开拓设计意图，分析研究影响开拓部署的地质条件，为开拓设计提供资料准确、可靠和内容切实、有用的开拓区域（或水平延深）煤炭地质说明书。

（三）采区（或盘区）煤炭地质说明书

采区煤炭地质说明书是为采区设计、施工和管理提供的地质资料。它是以开拓区域（水平延深）煤炭地质说明书或地质勘探报告为基础，结合开拓巷道、邻近采区和生产勘探资料，按照采区设计和施工的要求，经分析、整理编制而成。

采区煤炭地质说明书主要阐述采区范围内的地质和开采技术条件，重点反映采区内主要构造分布、煤层厚度变化以及其他对采区设计和施工有直接影响的地质因素。说明书一般由文字和图件两部分组成，有的局、矿采用图表的形式。

编制符合生产要求的采区煤炭地质说明书，关键在于理解采区设计的意图和要求，有目的地为设计部门布置采区巷道、划分回采工作面、选择采煤方法以及制定施工作业规程提供可靠的地质资料。

编制采区煤炭地质说明书的步骤和方法如下。

1. 全面汇集采区地质资料

分析、研究开拓区域煤炭地质说明书或地质勘探报告；汇集与编写与说明书有关的地质资料，如采区内所有的钻孔、通过采区的勘探线剖面图、邻近采区的煤层底板等高线图、邻近巷道实测剖面图和地形地质图；确定地面建筑物、地表水体对采区布置的影响。

2. 编绘采区煤炭地质说明书图件

采区煤炭地质说明书一般需要编绘下列图件：

（1）井上下对照图（比例尺 1：2000）。凡采动影响波及地表的采区均需编绘此图。

（2）采区综合柱状图（1：200）。

（3）采区煤层底板等高线图（1：1000～1：2000）。图上应附有储量计算内容。急倾斜煤层应绘立面投影图。

（4）采区地质剖面图（1：1000～1：2000）。根据需要可编数条地质剖面图，其中沿采区上（下）山方向的地质剖面是必备的主导剖面。

（5）水平切面地质图（1：1000～1：2000）。倾斜多煤层和急倾斜多煤层的矿井附此图。

3. 确定采区各种煤柱，计算采区储量

根据设计部门的规定，在各煤层底板等高线图上，标出采区的各种煤柱，计算各类储量。

4. 编写采区煤炭地质说明书文字说明

根据采区地质图件和收集的各种原始数据，按照设计与采掘部门的需要，简明扼要地编写文字说明。其主要内容如下：

（1）采区的位置、范围、与四邻的关系、上下对照关系和已有勘探钻孔情况。

（2）相邻已采掘地区的地质及水文地质情况概述。

（3）地质构造情况。其包括：煤、岩层产状变化，断层与褶皱的特征和分布及现有控制程度、地质构造对采掘的影响。

（4）煤层情况。其包括：可采煤层厚度、结构变化及其可采范围，特别是最上部薄煤层的可采性预测。

（5）煤层顶底板及层间距。其包括各可采煤层顶底板的岩性、厚度、含水性及物理力学性质。重点应说明各煤层群、组之间的间距和岩性变化，以便设计部门考虑分组或联合开采的可能性和选择较理想的岩巷开拓层位。

（6）水文地质情况。其包括：采区水文地质条件，有无突水危险，对防水煤柱、探防水的要求，采区最大涌水量与正常涌水量。

（7）其他影响生产的地质条件。例如，岩浆侵入体、岩溶陷落柱、古河床冲刷带、瓦斯、煤尘及煤的自燃等。

（8）储量计算。

（9）存在问题和建议。

（四）掘进煤炭地质说明书

掘进煤炭地质说明书是在地质构造比较复杂，煤、岩层层位不易掌握，巷道设计要求较高的开拓和准备巷道施工之前，为了编制掘进作业规程，指导巷道施工，或者是在多煤层、构造复杂的采区，当采区主要巷道（采区上山或下山、采区石门）掘完之后，由于出现较大的预想不到的构造变化，致使原采区设计中划分的回采工作面需做较大的调整，为了合理划分回采工作面，指导回采巷道施工而编制的地质资料。

掘进煤炭地质说明书是以开拓区域和采区煤炭地质说明书为基础，充分利用邻近巷道和勘探钻孔资料，按照巷道设计与施工的要求编制而成。为主要巷道施工而编制的掘进煤炭地质说明书，可用地质剖面图或水平切面图的形式，重点反映岩层的层位、岩性、厚度、产状、地质构造和水文地质等资料。为合理划分回采工作面、指导回采巷道施工而编制的掘进煤炭地质说明书，在内容上要求比较全面，与采区煤炭地质说明书相似。

掘进煤炭地质说明书的格式各矿不完全相同，有的包括文字说明和图件两部分；有的采用图件和简要的图表形式；还有的只是一张掘进方向的预想剖面图，上面附有掘进区平面图、必要的数据和简要的文字说明。

（五）回采煤炭地质说明书

回采煤炭地质说明书是回采工作面编制作业规程、安排生产计划、制定管理措施和指导工作面回采的地质依据。它是以工作面四周巷道的地质编录资料为主，结合邻区和上部煤层开采过程中揭露的地质资料和总体地质变化趋势，经分析、整理编制而成。

回采工作面煤炭地质说明书主要反映工作面内的地质构造情况、煤层赋存状况以及其他直接影响回采的地质因素。其重点是：落差大于采高的断层位置、性质和产状，煤层不可采地带，岩浆侵入体和陷落柱在工作面内的分布，厚煤层回采分层煤厚和危及生产安全的水、火、瓦斯及煤层顶板情况，等等。

回采煤炭地质说明书一般都采用图件和表格的形式。为了简单明了和便于使用，有的煤矿把所需图件（回采工作面煤层构造平面图，巷道实测剖面图和煤层结构及顶、底板岩性柱状图）绘在一张图纸上，并在图纸的一角列表给予必要的文字和数据说明；有的煤矿把图和表分开；只有少数煤矿除图件外，还附有详细的文字说明书。

编制回采煤炭地质说明书的一般步骤和方法如下。

1. 对回采工作面四周巷道进行详细的地质观测编录

回采工作面运输巷、回风巷、开切眼的地质编录资料是编制回采煤炭地质说明书最基本的实际资料，必须详细观测编录。要实测有代表性的煤层厚度和煤层产状；要查明断层的性质、产状和落差，尤其是影响回采的断层更应调查清楚；要注意煤层顶板的岩性和裂隙发育情况，以及其他影响回采的地质条件。

2. 编制回采煤炭地质说明书图件

编制回采煤炭地质说明书一般要求下列 3 种图件：

①回采巷道实测剖面图（比例尺 1 ：200）。

②煤层结构及顶底板岩性柱状图（1 ：200），包括老顶、直接顶、伪顶、伪底和直接底等。如果煤层结构简单，煤层顶板岩性和厚度稳定，而且生产部门业已掌握，可不附此图。

③回采工作面煤层底板等高线图（1 ：500 ～ 1 ：2000）。

图上，除反映煤层构造外，根据需要还可加绘煤厚等值线、夹石层厚度等值线或相邻煤层间距变化等值线等。急倾斜煤层则编绘煤层立面投影图。

3. 计算回采工作面储量

首先依据设计部门的规定，确定上（下）山保护煤柱界线，并把它绘在回采工作面煤层底板等高线图上，然后计算由工作面运输巷、回风巷、开切眼及采区上（下）山煤柱界线所圈定的储量。

4. 编写回采煤炭地质说明书文字说明

为了说明图件所反映的主要地质情况和补充图件不能表示的地质内容，还需做必要的文字说明。其内容需包括：工作面概况（如工作面位置及井上、下对照关系等）；煤层厚度及变化规律，薄煤区的范围及其方向，煤层顶板的岩性、厚度及裂隙发育情况，对顶板管理的意见，煤层底板的岩性及膨胀性等；地质构造及处理意见；水文地质及防排水措施；其他地质情况（如岩浆岩体、陷落柱、瓦斯、煤尘及煤的自燃等）；工作面储量；存在问题、注意事项及建议。

文字说明要简明扼要，重点突出，切实有用，针对性强；要严密结合该工作面的实际地质情况，对影响回采的主要地质问题、有关安全生产的问题必须写清楚。

回采工作面是煤矿生产的中心。随着采煤机械化程度的不断提高、产量日益集中和加大，小型地质构造与煤层厚度变化对回采的影响也愈加突出，生产部门对回采煤炭地质说明书的质量要求也越来越高。编好回采煤炭地质说明书的关键问题是提高对工作面内地质变化的预见性，以便正确掌握工作面的采厚与煤量，制定有效的处理措施。

五、矿井地质报告的编制

（一）建井地质报告

建井地质报告是新建矿井移交生产时，矿井基建部门向生产单位提交的综合性地质报告。建井地质报告是根据地质勘探报告、井筒检查钻孔以及基建时期井巷工程揭露的地质资料，经过综合整理编制而成。它是建井阶段地质工作的系统总结，也是地质勘探报告的验证和补充。

建井地质报告涉及的范围主要是建井阶段实际开拓的区域。其内容主要是：阐述建井时期的新发现、新认识和新结论；明确指出存在的主要地质问题；对地质勘探报告做出评价；对生产阶段地质工作提出建议。

建井地质报告分为文字说明和图件两部分。文字部分包括矿井一般概况、井田地质构造特征、煤系、煤层及煤质特征、井田水文地质和储量情况等。图件主要是井田地形地质图（1：2000 ~ 1：5000）、回风和运输水平切面图（1：1000 ~ 1：5000）、通过首采区的勘探线地质剖面图（1：1000 ~ 1：2000）、井筒地质素描图（1：200 ~ 1：500）、采区上（下）山地质剖面图（1：1000 ~ 1：2000）、首采区煤层底板等高线和储量计算图（1：1000 ~ 1：2000）等。

（二）矿井地质报告

矿井地质报告是生产矿井一定阶段地质工作成果的全面总结和综合概括。生产矿井每隔 8 ~ 10 年，配合矿井延深设计，要求编制或修改矿井地质报告。矿井地质报告以地质勘探报告、建井地质报告或原矿井地质报告为基础，充分利用矿井开采过程中积累的地质编录、补充勘探和生产勘探资料，经过分析研究和综合整理编制而成。矿井地质报告应紧密围绕矿区或矿井存在的主要地质问题，着眼当前，兼顾长远，立足矿井，综合区域，把总结规律、进行评价、开展预测、制定措施结合起来。矿井地质报告编写提纲可根据各矿的具体情况拟定。

（三）矿井收尾阶段地质总结报告

矿井收尾阶段地质总结报告，是为矿井收尾、报废向上级部门提交的地质鉴定报告。当矿井剩余可采储量比［= 剩余可采储量 /（矿井累计采出量 + 剩余可采储量）] 为 20% 左右，且无进一步扩大储量可能时，即进入矿井收尾阶段。这一阶段的主要地质工作有以下几个方面：

（1）全面汇集勘探、建井和生产阶段的地质资料，总结矿井主要地质规律。

（2）分析现有地质储量的可采性和老采区丢煤复采的可能性，进一步研究延长矿井服务年限。

（3）进行采探对比，总结资源勘探、补充勘探的经验教训，确定原勘探储量的可靠系数，评价原勘探网度的合理性。

（4）全面核实矿井回采率，分析各种损失所占的比例，确定勘探储量有效利用系数。

矿井收尾阶段地质总结报告是以地质勘探报告、建井地质报告和矿井地质报告为基础，结合矿井补充勘探和生产地质资料，经过分析研究、综合整理编制而成。

六、地质预报与采后地质总结

（一）地质预报

地质预报是在煤炭地质说明书提交之后，紧跟采掘工程进展，不断收集整理和分析新的地质情况，将预测的采掘前方地质变化通知生产部门。它是把地质工作做到采掘生产第一线的一种重要形式。地质预报按服务的对象不同，分为掘进地质预报和回采地质预报。

1. 掘进地质预报

掘进地质预报是在巷道掘进过程中，边收集、分析资料，边预报掘进前方的地质变化，并协同掘进区队采取措施，保证巷道掘进质量和快速、安全地进行。掘进地质预报应针对不同巷道的工程要求，重点抓好断层、层位、岩性、水文地质、瓦斯地质等项预报。

断层预报是在开拓或采准巷道的掘进中，对影响掘进的断层位置、性质和落差等进行预报。

层位预报是以层位变动为主要内容的预报。在运输大巷或上、下山等顺层巷道的掘进中，为了满足运输和采煤的需要，既要求巷道不偏离设计层位，又要求巷道保持合适的弯度和坡度。为此，对巷道掘进前方的岩层层位、产状和构造变动等，需及早做出预报，以便在允许范围内，提前调整巷道方向、坡度和长度。

岩性预报是在石门或暗井等穿层巷道掘进中，对巷道掘进前方将要穿过的各岩层的岩石性质、厚度和产状等进行预报。

水文地质预报是在有水害威胁的巷道掘进中，对巷道掘进前方的含水层、断层、老窑区、岩溶陷落柱和钻孔等的位置和水量所进行的预报。预报范围不得小于探放水的安全距离，并提出处理意见。

瓦斯地质预报是在有煤与瓦斯突出危险的巷道掘进中，根据突出征兆和规律，对巷道掘进前方煤与瓦斯突出的可能性与严重性所进行的预报。

2. 回采地质预报

回采地质预报是在工作面回采过程中，不断收集、分析资料，不断地预报对回采前方的地质变化、发展趋势和对生产的影响程度，并协同采煤区队采取对策，保证生产任务的完成。

回采地质预报的重点是影响回采工作面正常推进的断层、煤厚变化、古河床冲刷带、岩浆侵入体、岩溶陷落柱以及威胁生产安全的冲击地压、顶底板突水和煤与瓦斯突出等。

地质预报是在煤炭地质说明书的基础上，根据采掘过程中新揭露的地质资料，按照巷道掘进和工作面回采的要求编制而成。地质预报实际上是煤炭地质说明书使用的继续和补充。因此，地质预报的内容、形式、编制步骤和方法均与同类型煤炭地质说明书相似。做好地质预报工作应注意深入现场、掌握地质规律、抓好验证总结等环节。

（二）图版管理

图版管理是指生产矿井采掘工作面的地质图版管理。这是采掘工作面地质预报的一种简明形式，对加强生产技术管理起着重要作用。地质图版管理的具体做法如下。

1. 绘制地质图版

将各个回采工作面和掘进巷道的煤炭地质说明书制作 3 套图版：一套挂在矿调度室，作为管理部门掌握井下情况、正确指挥生产的依据。一套挂在采掘区队，作为基层单位组织生产、制定作业规程的依据。在回采工作面投产或巷道开始施工时，根据图版向班组干部和工人布置设计和施工要求，介绍煤炭地质说明书内容。一套留在地测科，作为地质人员掌握采掘进程，填报地质情况的依据。

2. 收集填绘资料

深入现场，收集采掘过程中新揭露的地质资料，经过系统整理和分析研究后，在图版上填绘新的实测资料，修正不合实际的地质推断，并进一步预测采掘前方的地质情况。

3. 填报基本要求

（1）填报时要与采掘人员研究，核实现场情况，协同研究对策，提前采取措施。

（2）填报时间以不影响生产为原则，适时填报。

（3）填报内容与地质预报相同，重点是影响采掘的主要地质问题。对危及生产的水、火、瓦斯的预报不得小于安全探放与防治的距离；对直接影响生产的地质构造、煤厚变化、岩浆侵入体等的预报，应满足提前采取措施所需的时间。

（三）采后地质总结

为了汇集地质资料，总结地质规律，验证预测结果，改进工作方法，在工作面、采区和水平开采结束后，要求进行采后地质总结，并作为正式资料长期保存。这是不断提高矿井地质工作水平的有效办法和重要途径。

（1）回采工作面采后地质总结。其包括：汇总地质资料，修改工作面地质图；总结工作面内开采地质条件的特征与规律；定性与定量评定工作面开采地质条件类型；统计与分析工作面的采出量、损失量和回采率；验证预测资料的正误并分析其原因；总结经验教训，提出改进措施和方法。

（2）采区采后地质总结。其包括：根据实际地质资料修改和充实采区地质图件；研究采区开采地质条件的特征和规律，并评定其复杂程度和类型；统计分析采区各种损失量、采区回采和采区储量利用情况；通过探采对比、预测资料与实际资料对比，探索提高矿井地质工作预见性和提高回采率的办法和途径。

（3）水平采后地质总结。其包括：修改和充实该水平的地质图件；统计分析各类储量动态及利用情况；阐述影响煤矿生产的地质条件的特征与规律；通过探采对比、预测与实际对比，剖析矿井地质工作的问题，提出提高矿井地质工作水平和改进勘探方法的建议和意见。

02

井巷地质

第一节　井巷地质工作

一、井巷地质工作的目的与任务

井巷地质工作的目的与任务是研究井巷、硐室、采场所在岩体的工程地质条件，分析和评价岩体的稳定性，为采掘工程的设计与施工提供有关的工程地质资料；协助采掘部门拟定不稳定岩体的施工方案，防止因工程地质条件不清而造成事故，以期达到良好的工程效果和经济效益。煤矿生产建设各阶段的具体任务简述如下。

（一）设计阶段的工程地质工作

1. 系统分析与矿区有关范围的区域稳定性

系统分析与矿区有关范围的区域稳定性，即研究构造活动、地震活动、岩浆活动、水热活动、物理地质作用及人类工程活动等，进而对矿区范围内的区域工程地质条件做出综合性、预测性的评价，编制矿区工程地质分区图。

2. 矿区围岩的稳定性

查明影响岩土层稳定性的各种地质、水文地质因素，分析和评价围岩的稳定性，具体包括以下几个方面：

（1）查明井巷、硐室范围内岩层的层位、岩性、产状及岩层组合特征。

（2）查明新生界松散冲积层的土体结构、厚度、与下伏基岩的接触关系、基岩的风化程度和深度。

（3）采集岩样、土样，进行实验室和现场的测定与试验，查明岩土层的物理力学性质和工程地质性质。

（4）查明褶曲、断层的类型、规模、产状和力学属性，破碎带的宽度、充填物的组成、胶结情况及充水情况。

（5）查明节理（裂隙）的性质、组数、间距、产状、闭合程度、组合关系，以及由此造成的切割块体（结构体）的形态、类型和大小。

（6）查明岩土层的富水性、水理性质、水化学作用，地下水类型、储存、补给、径流、排泄条件和水质、水位、水量情况。

（7）查明围岩的结构特征、结构类型，尤其是软弱结构面和软弱夹层的特征和组合关系，分析和评价围岩的稳定性，对围岩进行工程地质分类；预测可能出现的不稳定地区并估算围岩压力；对井巷布置的位置和层位提出建议。

3. 提供井巷、硐室设计所需的工程地质资料

预测施工时可能出现的工程地质问题，并对处理这些问题提出建议和措施。图件包括：工程地质平面图、剖面图，重大工程基础柱状图。

（二）施工阶段的工程地质工作

施工阶段的工程地质工作主要是：随着井巷施工，进行工程地质观测与编录，积累实测资料，为后续工程做出工程地质预报。具体包括以下方面：

（1）划分和对比施工岩土层的岩性、层位及其中的软弱夹层。

（2）确定各种软弱结构面所处的部位、性质、组合关系。

（3）测量和统计各种性质、不同规模的褶曲、断层和主要裂隙的产状要素，并分析其组合关系。

（4）观测井巷开挖后围岩的支撑时间，并对井巷临空面各部位岩块的稳定状况做出判断。

（5）记录施工过程中发生片帮、冒落、软化、膨胀的巷道部位，测量、描述其性状和规模。

（6）观测井巷、硐室的出水位置、出水形式、水压、水量、水质，分析水源及其对围岩稳定性的影响。

（7）进行必要的岩体力学性质的测试，包括各种软弱结构面的强度、围岩应力变化、岩块相对位移、围岩松弛区的变化，以及支架承压的应力应变状态等。

（8）充分利用超前钻探、巷探、声探测、声监测等手段，增加观测内容，积累更多资料；用工程地质类比法，对类似的后续工程做出工程地质预报。

二、井巷施工的工程地质预报

井巷地质预报，主要是指在工程施工前及施工过程中，根据收集的反映岩体结构、应力状态、形变移位、松动破坏等情况的工程地质资料，分析其性状的变化趋势，采用工程地质类比分析和岩体结构分析等方法，对施工前方或后续工程的岩体工程地质条件所进行的测报工作，并据此提出施工所应采取的技术措施和建议。

（一）预报的基础资料

基础资料主要包括：施工岩体的岩性及组合特征、层面特征及厚度，软弱夹层的物质成分与结构特征，褶皱、断层、裂隙构造的规模、形态、分布与组合方式，地下水的化学成分、渗透特性及动态，地温及地温梯度，围岩地压观测资料，反映岩石、岩体的各种物理力学性质的试验参数。还应取得完整的地层岩性柱状，并按工程地质特性分组。

（二）预报的种类

井巷施工的工程地质预报，主要是根据井巷检查孔资料，编制井巷地质柱状图，或井巷地质剖面图，并附以测报说明及施工技术措施建议。

巷道、硐室的工程地质预报，主要是根据施工地段内的各种钻孔资料和所在水平的切面地质图，编制巷道工程地质剖面图或工程地质平面图，并附以测报说明和技术措施建议。

地质预报图件除按一般的柱状图、剖面图、水平切面图的要求编制以外，主要应有工程地质分组（段、区）、工程地质类别、岩体结构类型、表土的土工试验成果、基岩的物理力学性质测试数据、钻孔水文地质试验资料、围岩的稳定分析结果以及岩体可能失稳的部位与方式等测报内容。

（三）预报的技术措施建议

预报中的技术措施建议要根据具体情况而定，诸如建议采用安全、高效的钻爆工艺，危岩判定和加固排除的方法，特殊凿井的冻结深度，或注浆封水的技术措施：地质变化的超前钻、巷探，水和瓦斯的预先抽放，调整围岩应力的高压注水，或开采解放层等。

三、井巷围岩的工程地质评价

（一）井巷对围岩稳定的要求

（1）岩石性质要均匀，成层厚度要大。

（2）岩块抗压强度要高，抗剪性能要好。

（3）岩体整体性要强，软弱结构面要少。

（4）岩体未经风化破碎。

（二）围岩质量指标的确定

井巷围岩质量的好坏取决于岩体的完整性、结构面的抗剪特性和岩块的坚强性。上述三个因素的综合指标，可作为围岩质量的评价准则。

1. 岩体的完整性

岩体的完整性，即岩体的开裂或破碎程度。它反映不同成因、不同规模、不同性质的结构面在岩体中的存在情况，常以结构面统计、完整性系数和 RQD 表示。岩体完整性的差异是岩体工程地质特性变化的根源。

结构面的统计方法很多，一般采用剖面统计法，即以岩体出露剖面上的单位长度内，结构面的数目，或结构面的平均间距来表示岩体的完整性；也有以岩体出露平面的单位面积中，结构面的数目，或结构面的开裂面积之和来反映。近年来则常用弹性波法测定岩体的完整性系数（I），即以原位岩体的纵波速度（V_m）与岩石试件的纵波速度（V_c）的平方比表示。I 值越大，岩体越完整；相反，则岩体越破碎。一般以 I>0.75 为完整性好，0.45<I<0.75 为完整性较好，I<0.45 为完整性差的岩体。

RQD（Rock Quality Designation）作为衡量岩体质量的指标之一，已在国外广泛应用。它虽是一种较粗略的经验方法，但非常简便易行，很适宜在煤矿地质勘探中使用。RQD 指标是以钻孔的单位长度中大于 10cm 的岩芯所占的比例来确定（岩芯取样器直径大于 5.3cm，岩芯的裂隙不是由钻进机械破坏，而是岩体原有的）。

2. 结构面的抗剪性

结构面的抗剪性表示结构面对剪切运动的阻抗能力。它直接受结构面的连续性、平整程度、光滑粗糙性质、张开闭合状态、充填胶结情况、充填物成分以及地下水的赋存情况、渗透压力等的影响，一般以结构面的抗剪强度或摩擦系数来表示。

3. 岩块的坚强性

岩块的强度是指岩块抵抗外力破坏的能力。根据受力状态不同，岩块的强度可分为单轴抗压强度、单轴抗拉强度、剪切强度、三轴压缩强度等。

4. 岩体质量系数

岩体质量系数为评定各类结构岩体质量的综合指标，以岩体完整性系数、结构面摩擦系数、岩块坚强性系数三种指标的乘积表示。

（三）围岩位移量的测量

巷道围岩位移的测量，可以揭示围岩应力变化和岩体结构之间的相互关系，也可以直接反映工程岩体的稳定状况。

1. 巷道围岩相对位移的测量

围岩相对移动量是指巷道顶底与两帮位移量的总和。测定方法一般是在巷道两帮中部的岩体中，按相同标高各固定一个 0.4m 深的测量，又在巷道顶底板中间的岩体中，在同一铅垂线上，也固定一对 0.4m 深的测量，组成一个十字形观测线，定期用 DDJ 型顶板沉降指示器测量其间的相对位移量。

2. 巷道围岩绝对位移的测量

围岩绝对位移量是指巷道顶底板及两帮某一部位的实际位移量。

巷道顶底板实际位移量的测定，主要采用水准仪测量，也可用顶底相对位移量算出。巷道两帮围岩实际位移量的测定，主要采用经纬仪测量，即在基准点到观测点之间布置导线，逐步测量两帮岩体在水平方向上的实际位移值。

3. 井巷围岩深部位移的测量

井巷围岩深部位移测量，主要是通过巷壁钻孔设置若干个深部测点，测量采动岩体的深部相对位移量。孔内任一测点离开巷壁间距不得小于卷道跨度的两侧。测点最好用一对钢楔固定，如同倒楔式锚杆，加工比较简单。钢楔是中空的，以便通过孔内测点的连接杆。在孔口用百分表测量测点的相对移动，即得深部岩体的相对位移量。此外，尚可用 YCW-80 型差动变压器式位移计、DY-4 型电阻式位移计测量。

（四）围岩稳定分析的方法和步骤

1. 稳定分析的方法

（1）工程地质类比法

工程地质类比法是煤矿地下工程中最常用的方法，其要点是：根据待建工程地段内的工程地质特征、岩体性质和动态观测资料，与具有类似条件的已建工程所取得的实际观测资料和工程实际效果，从地质和工程两个方面进行综合分析对比，获得反映该地段工程岩体特性的各个预测性质量指标，以及可能出现的围岩失稳、变形和破坏的方式，依此做出岩体稳定性的工程地质评价。

（2）岩体结构分析法

在岩体结构及其特性研究的基础上，考虑到工程作用力的方式，借助于赤平极射投影法、实体比例投影法和块体坐标投影法进行图解解析，可以初步判定工程岩体的稳定性。

此外，尚有岩体稳定的力学分析和模拟试验等方法，均可得出工程岩体稳定性的计算结果，作为综合分析、综合评价的依据。

2. 稳定分析的步骤

（1）分析研究地质勘探报告及工程地质勘探资料，取得反映本区段内工程地质特征的岩性、构造、水文地质等方面的统计资料和试验数据，初步确定岩体结构类型和工程地质类别。

（2）通过室内和现场的力学试验，取得岩石、岩体的物理力学参数。岩体力学试验项目要有重点，有针对性。例如：分析井巷围岩的失稳滑移，主要测定结构面抗剪强度指标，或部分岩石的抗剪强度，不均一岩体要求有变形模量和泊松比，在有地应力、地震力作用的条件下，要取得动态力学参数等。

（3）根据井巷、硐室工程的规模，荷载的方向、大小及方式，以及岩体初始地应力条件，确定块体或各边界面上所受力的方向和大小。工程作用力由设计部门提出，初始地应力可以实测获得。

（4）根据工程设计要求和岩体内部结构，进行岩块滑动边界条件的分析。主要考虑工程岩体中软弱结构面的组合关系。分析滑动块体的形成、几何形态及滑移方向。岩块滑动边界包括切割面、滑移面及临空面。

（5）根据岩体结构和受力条件的分析，结合模拟试验，可以判定岩体可能出现的变形、破坏方式。依此选用相应的理论和方法，进行岩体稳定计算。对于岩性单一、结构完整的块体或组合块体，常用刚体极限平衡法计算；对于呈弹性、或弹塑性的岩体，则用应力平衡进行计算。

（6）根据上述岩体稳定计算的结果，结合地质条件、测试情况、工程特点以及采用其他方法获得的各种资料，就可以对工程岩体（围岩）的稳定性及其他一些工程地质问题做出综合评价，为井巷、硐室工程的设计和施工提供正确、可靠的工程地质依据。

第二节　矿井动力地质问题

矿井工程活动中出现的主要动力现象，如地压及其显现过程、冲击地压和矿震、煤和瓦斯突出等，实质上都是由采掘活动诱发的动力地质现象。这些现象的产生都有它特定的地质条件，又和人们的工程活动特点密切相关。所以，研究产生矿井动力地质现象的地质条件及其与工程活动的关系，就成为煤矿工程地质的专门课题。

大量事实证明，矿井动力地质现象发生的强度和频度与区域稳定性和由此决定的地壳表层岩体的应力状态密切相关。已经发现，不少矿区（如抚顺、北票、焦作等）由于处在活动构造带的边界以内，不仅地震活动频繁，井下的矿压、矿震、冲击地压、矿井突水和煤与瓦斯突出等现象都远比一般矿区严重。因此，研究区域稳定性和地壳表层岩体的应力状态应当作为研究矿井动力地质现象的重要基础。

一、区域稳定性研究

所谓区域稳定性是指工程建设地区，在内外动力（以内力为主）的作用下，现今地壳及其表层的稳定程度，以及这种稳定程度与工程建筑之间的相互作用和影响。研究区域稳定性必须从活动性入手，具体来说，在工程活动地区必须研究构造活动及其新老构造应力场、地震活动、岩浆活动、水热活动、物理地质作用及人类工程活动，从而对区域稳定性做出综合评价。

（一）区域稳定性的分析方法

区域稳定性研究的核心问题是活动构造的研究。所谓活动构造，一般是指现今正在活动或第四纪以来继续活动着的构造，它包括活动断裂（活断层）、新的隆起、拗陷及掀斜等。活动构造可以是新生的，也可以是老构造重新活动，且更多是老构造的复活。

活动构造的研究方法，主要有地质力学方法、第四纪地质与地貌法、精密量测法等，也可用遥感地质、历史考古、地震构造及地球物理的方法等。

1.活动断裂的鉴定

活动断裂的标志很多，主要特征有：

（1）地层展布及沉积差异。例如，活动断层切穿最新的第四系地层，或有地表裂隙；在断裂两侧第四系沉积物厚度有较大差异，或老地层逆掩于第四系之上等。

（2）地貌和水系上的反映。活动断层所显示的，诸如洪积扇、阶地或夷平面等地貌特征，水系要断层控制所呈现的某些规律性分布，或因断层活动而发生变迁现象等。

（3）历史考古学证据。例如，古代城墙错开，各类建筑物被破坏或相对移位以及各期文化层深度的变化等。

（4）新构造形迹的显示。特别是在第四系地层中出现低序次的小断层，断层泥有新的构造擦痕，断层泥或断裂破碎带均未胶结等。

（5）地球物理标志。深大的活动断裂往往存在于重力异常带上，由深大的活动断裂控制的断块凹陷或凸起也往往与莫霍面异常相对应。

（6）火山活动。断裂活动，特别是深断裂往往引起火山活动，沿活动断裂会有玄武岩体呈串珠状分布。

（7）地热异常及水化学异常。沿活动断裂可能存在温泉呈线状分布，活动断裂带的水化学组分浓度出现异常。

（8）地震。沿断裂有历史地震震中，或近期地震证实为发震断裂的一系列地震地质及地面变形或震害异常的标志等。

（9）物理地质现象。沿活动断裂的差异升降带，滑坡、崩坍及岩堆等物理地质现象成群或成带分布。

（10）地形变标志。采用精密的大地测量或断层位移测量仪器测得的断层位移量 ≥ 0.1mm/ 年者。活动程度等级一般按 >10mm/ 年极强活动；1 ~ 10mm/ 年为强活动；0.1 ~ 1mm/ 年为弱活动；<0.1mm/ 年为基本不活动。

上述的各种标志，大部分可用遥感地质技术（航空或卫星测盘），按照专门的分析方法得到理想的结果。活动断裂或其他类型的活动构造研究，应尽量采用各种方法对各方面标志进行综合分析、鉴定，不能用单一的方法或根据少数标志就轻率做出结论。

2. 活动构造体系的鉴定

（1）运用地质力学的方法，鉴定区内各种构造体系的应力场。例如：东西向构造是南北向主压应力，南北向构造是东西向主压应力，华夏系、新华夏系是反扭力偶，具有反时针旋转效应；河西系、北西向构造是正扭力偶，具有顺时针旋转效应；旋卷构造具有内旋与外旋相反的弧形力偶；等等。

（2）每个活动性断裂的活动方式确定之后，运用力学原理，分析主应力方向及其性质（现代应力场），从而推断区域应力场，进一步预测某一构造体系的活动特征。例如：现代应力场与古构造体系的原始应力场相同，则该体系随着应力强度增大而可能全部活动；现代应力场与原构造体系应力场不同，可能仅出现部分活动，其活动部位长度及方式，则随现代主应力方向与该活动断裂之间夹角、主应力大小的不同而不同。

（3）由地震活动测定断裂的活动方式，推断活动构造体系的展布特征。

（4）由地貌、第四纪地质、历史考古及遥感地质等方法研究活动断裂的历史记录，判明活动方式，分析活动构造体系的发展趋势。

3. 现代构造应力场的确定

断裂活动方式和构造体系活动情况，都取决于现代正在作用着的构造应力场特点。所以，研究现代构造应力场的特点至关重要。

（1）用地震活动的震源机制分析原理来推断现代构造应力方向

根据地震台网记录分析的 P 波（纵波）震动资料来推断可能发震的断层面（截面）位置及构造应力方位。这就需要从地震部门收集较多的观测成果进行统计分析。

（2）现场应力测量

现场应力测量最常用的方法是应力解除法，近年来开始广泛采用水力压裂法。前者一般只能测量几十至几百米深度，而后者最深可达5000m。

（3）地形变测量

通常用精密水准测量和三角测量来观测大范围内的地形变，用断层微量位移测量和短水准测量来观测断裂带活动或某一点的地形变，进而由地形变资料来推算应变及应力状态。

（4）数学模拟

用有限单元法，通过电子计算机计算，可模拟某一地块及其内部每一单元在区域主应力作用下的位移、应变及应力状态。这种方法既可以核实也可以预测应力场及其内部变化。

当上面四种方法均不具备条件时，也可以根据区内最新构造形迹的宏观研究结论判断区内最大主应力方向。因为已有的资料表明，在绝大多数情况下，现代构造应力场的最大主压应力方向均与该区最新构造体系的最大主压应力方向相一致。

通过上述综合研究，就可以对区域稳定性做出综合评价和预测。对矿区来说，有了这种评价和预测，就可以进一步推断矿井动力地质现象的显现规律和强度。

（二）中国现代构造应力场研究现状

这方面的研究成果还不多，中国各区域的构造应力场也很复杂。仅将各区的大体规律简介如下，以供参考。

（1）东北、华北及鄂西地区。主压应力为NEE方向（近年在河北及江汉平原和陇东用水力压裂法在几十个深钻孔中测得1000~4000m深度内的主压应力的平均方向为N65° E）。

（2）西北地区。主压应力为NNE向（系SN向挤压与SWW向挤压联合形成）。

（3）西南地区：主压应力方向为NWW向。

（4）中部地区（以四川西部为代表）。主压应力方向变化较大，但呈规律性变化。例如，沿南北向构造带，由南而北的主压应力方向变化趋势是由

SN → NNW → NW 逐渐转为近 EW，以至 NEE 向。

（5）秦岭一带。主压应力为 EW 向（系 NEE 向与 NWW 向挤压联合而成）。

（6）康藏地区。它为 NNE 向主压应力，但在康藏东北角的应力方向非常复杂。

上述各区的现代构造应力场只是大范围的粗略规律。矿区的范围较小，必须在参考上述规律的基础上，进行具体、深入的综合研究，才能对矿区岩体的应力特点做出可靠的分析和评价。

二、地壳岩体的天然应力状态

（一）岩体应力的基本概念

地壳岩体的天然应力状态，是指未经人类工程的扰动，主要是在重力场和构造应力场的综合作用下，有时也在岩体的物理、化学变化及岩浆侵入等的作用下形成的应力状态，通常称为天然应力或初始应力。人类从事工程活动时，在岩体天然应力场内，因挖除部分岩体或增加结构物而引起的应力，称为感生应力。

1. 构造应力

构造应力是由地壳运动在岩体内造成的应力，可分为活动的和剩余的两种构造应力。活动的构造应力是地壳内现在正在积累的、能导致岩层变形和破坏的应力。这种应力与区域稳定性及岩体稳定性均有密切的关系。剩余的构造应力是古构造运动残留下来的应力。

2. 变异及残余应力

变异应力是指岩体的物理、化学变化及岩浆侵入等造成的应力，通常只有局部作用；残余应力是指承载岩体遭受卸荷或部分卸荷时，岩体中某些组分的膨胀回弹趋势部分地受到其他组分约束，而在岩体结构内形成的残余拉、压应力平衡的应力系统。

（二）岩体的天然应力状态及其研究意义

岩体的天然应力状态是很复杂的，目前各家观点也不尽相同。但是，如下几个方面已是不可否认的事实。

（1）地壳岩体内的天然应力状态以水平应力为主。已有大量的实测资料证实，世界上大多数地区地壳岩体内的天然应力状态是以水平应力为主。有的地区水平应力可达垂直应力的 20 倍。这充分说明构造因素对地壳岩体天然应力状态的形成及变化起主导作用。

（2）垂直应力和水平应力均随深度增加而呈线性增大。

（3）地壳岩体的自由临空面及不连续界面附近产生应力重分布和应力集中作用。这两个方面的因素，均使复杂的天然应力状态更加复杂化。

由临空面的存在而产生的应力重分布和应力集中的特点，除与岩体的性质有一定关系外，主要取决于岩体内的原始应力状态和临空面的形态特征。它随具体条件不同而变化，需做现场调查、实测和综合分析。

地壳岩体的不连续界面主要是宏观的各种成因的断裂。由于它们能影响应力的分布和传递，故各类断裂的发育往往使岩体内的应力状态变得很复杂。

理论与实验表明，一个含有各类断裂的地块及其岩体受力变形时，均沿断裂发生应力集中，但不同方位的断裂，其应力集中程度是不同的。通常，那些与区域最大主应力成 30° ～ 40° 交裂组，应力集中程度最高。而且这类断裂的不同部位应力集中情况也各异。一般情况下，其端点、首尾错列段、局部拐点、分支点或与其他断裂交汇点，总之一切能对继续活动起阻碍作用的地方，都将是应力高度集中的部位。

（4）地壳岩体应力高度集中的地段或部位，往往就是不稳定的区域。这类区域往往可能是地震的发震区、物理地质作用的强烈区，而且是地下工程中各种动力现象（如岩爆或冲击地压等）显现强烈的区域。

应力高度集中区的确定，除前述的宏观表象研究、各种实测方法及数学模拟计算外，还有一种岩芯或钻孔变形标志，即岩芯裂成饼状或呈鳞片状剥落，有时也在钻孔某一深度的岩层中发生钻孔缩径。很多地区已经验证，这是应力高度集中的可靠标志。

对地壳岩体天然应力状态进行研究，主要有两个方面的重要意义。其一，由于区域性宏观的应力分布与区域稳定性的关系密切，因而这方面的研究成果对指导较大工程建设的布局和场地稳定性评价有重要意义；其二，由于局部地区的应力分布与具体的工程建筑的稳定性关系密切，因而研究工程部位的天然应力状态与工程活动的关系（引起应力重分布的特点与建筑物、结构物稳定的关系）同样具有重要意义。例如，在高应力地区，地下工程（巷道、硐室）的轴线与区域最大主应力之间的角度关系对稳定性影响很大。通常，在岩体性质大体一致的情况下，巷道轴线与区域最大主应力正交或大角度相交时，巷道的变形、破坏非常严重，而使轴线与区域最大主应力方向近于平行时，则巷道稳定，即使在断层破碎带内或更深的水平上也比前者稳定。

综上所述，可见区域稳定性及地壳岩体天然应力状态的研究对各类工程建设的重要意义。同样，在煤矿井巷中，它也是十分重要的。只有对矿区的区域稳定性和岩体天然应力分布的状况有了基本的了解，才能对各种矿井动力地质问题做进一步的分析和评价。

三、矿井地压

矿井地压只是指由于井巷的开挖、矿层的采动，改变原岩的应力状态，引起井巷、采场围岩应力的重新分布，而呈现出变形和破坏的地压现象。如：井巷围岩的膨胀、蠕变、开裂、滑移、坍塌；采场顶板的下沉、垮落；煤壁的片帮、掉块，底板的隆起、冲溃，以及煤、岩、水、瓦斯的突然抛出与冲击等。根据煤矿工程管理的技术分工，通常分别称为井巷地压、采场地压和冲击地压。

矿井地压通常是指矿山压力，简称矿压。它的观测与防治工作，目前分别由基建、生产和安全部门负责。地质部门仅为此提供一般的地质资料。但是矿井地压实质上是一个特殊的工程地质问题，矿井地质必须为此做好各种地压现象的分析、工程地质指标的量测以及其他地质影响因素的调查与研究工作。

（一）井巷地压

1.岩石与岩体力学性质

岩石力学性质是指岩石在受力作用下的变形特征及其强度的大小。

岩体是由各种岩石组成的。每一种岩石在一定范围内，各处的岩石性质相同，称为均质性。大多数岩石各个方向的性质也是相同的，称为各向同性。个别岩石，如层理面发育的页岩，由于层理面（弱面）的影响，使它在平行层理面方向与垂直层理面方向表现出不同的性质，称为各向异性。

井巷中所要了解的岩体力学性质则为岩石力学性质与弱面力学性质的综合表现。岩石变形包括弹性变形、塑性变形和流变。岩石强度一般都用莫尔强度理论来表示，认为主要是剪切破坏。如用双曲线或抛物线型强度曲线，则用单向抗拉强度和单向抗压强度做指标。脆性断裂理论认为主要是张拉破碎。弱面力学性质主要指强度，表示方法同岩石强度。弱面造成岩体的各向异性及不连续性，并使强度大为削弱。但并不妨碍我们有条件地应用连续介质静力学以及各向同性的假设。岩石力学的性质随应力状态而改变，单向受力表现为脆性，多向受力表现为塑性，而且弹性极限及强度极限均较高。

2. 井巷地压现象分析

通常根据围岩变形的大小来判别地压的大小。变形最大的方向，即为来压方向。变形的大小决定于原岩应力，而原岩应力的大小与深度成正比；深度越大，变形也越严重。在同样深度的情况下，构造应力较大的地段，变形也较大。构造应力具有明显方向性，与构造应力的最大主应力方向相平行的巷道，变形较小；反之，与之相垂直的巷道，变形则较大。围岩破碎而呈现的地压现象，一般根据冒落岩石的重量来判别地压的来压大小，即正比于围岩破碎带的大小。各个方向的地压不同，并且四周破碎带的大小也不相同。破碎地压的来压方向与相对大小，均与变形地压相同。

立井地压现象与巷道地压现象基本上也是相同的，只是井与巷的轴向不同，巷道是平面问题，立井是空间问题，所以破碎地压也因其自重作用而不同。

（二）采场地压

1. 采场地压现象及习惯用指标

（1）支承压力。通常是指在煤层内由于开掘开切眼或进行回采时，在煤壁及煤柱中形成的集中应力。它通过压缩煤体，导致煤壁片帮，破坏顶底板，给支架施加影响。由于支承压力不是均布载荷，因而其在底板岩层内形成的应力分布比较复杂。

（2）顶板下沉。一般指煤壁处刚裸露的顶板到采空区边缘的顶底板相对移近量，常以毫米（mm）计算。

（3）顶板下沉速度。指单位时间内顶底板移近量，一般以 mm/h 计算，用以表示顶板活动的剧烈程度。

（4）支柱载荷。随着顶板下沉，采面支柱受载逐渐增加，出现变形、破裂以至折损。具体数值可用测力计或压力表测得。支柱所受载荷一般用每平方米的载荷大小来估量，单位是 t/m^2；也有用每米工作面长度内所受载荷来估量，单位是 t/m。

（5）顶板破碎。以破碎度来衡量，通常以支架前柱到煤壁的无支护工作空间的单位面积中顶板面积所占的百分数来表示，用于衡量支架管理顶板效果，或说明支架上方顶板完整程度。

（6）局部冒顶。指回采工作面顶板出现的局部塌落。

（7）工作面切顶（或称大面积冒顶）。指采面由于顶板压力而导致顶板沿工作面切落，它常严重影响工作面的生产。

（8）其他。包括支柱滑移等。

2. 采场的应力分布

采场的应力分布是指回采工作面在采动过程中应力的分布及其变化。以走向长壁工作面为例。未回采前其只是沿倾斜方向开掘的一个切眼，应力分布与一般巷道相同。其沿走向剖面内，随着工作面回采推进，相当于扩大了巷道的宽度，最初的应力集中系数是 2～3，此时有可能增加到 2～4（应力集中系数是巷道两侧引起的应力增高与原来应力之比）。但主要增加的是应力影响范围，其与巷宽成正比增加。工作面继续推进，回采空间增大，采用碎石或砂子充填的方法，防止顶板冒落，使采场保持一定控顶距，工作面成为一个宽度不变的巷道，仅做横向移动。只是两侧围岩不同，一边是煤壁，有应力集中，为应力集中区；一边是充填物。刚充填的部位，比原岩应力低，为应力打降低区；被压实的部位承受上覆岩层的全部重量，为自重应力区。如果原岩应力只是自重应力，应力随即恢复；如果原岩应力中还有构造应力，则只恢复自重应力。在工作面前方的煤壁中，一部分为破裂区内的应力，低于原岩应力，属于应力降低区。应力集中区包括一部分破裂区（最大极限应力一般高于原岩应力）、金部塑性变形区，以及一部分弹性变形区（原岩应力区也有部分出现弹性变形）。采场是一个空间问题，在沿倾斜剖面内，邻近的部位，也有应力集中。应力集中区的宽度 40m 左右，应力降低区的宽度：走向方向为 30～50m，倾斜方向等于工作面长度。

采用全部管落的方法管理顶板的工作面，则是依靠冒落岩石的体积散胀来充填采空区，应力分布基本上相似于充填法，只是由于上覆岩体的活动范围较大，也有一部分岩石虽已垮落，但未充满采空区，实际悬顶距大于控顶距，所以它的应力影响范围也相应加大。应力集中区的宽度约为 60m，应力降低区为 80～100m。

3. 采场的顶板活动

（1）初次垮落与初次垮落距

开切眼两侧有与巷道相类似的支承压力，在工作面推进时，直接顶垮度不断增加，支承压力的应力集中系数将有可能超过 2 ~ 3。当直接顶达到极限垮度时，采空区进行初次放顶，直接顶开始初次垮落，这个垮落间距称为初次垮落距。直接顶经初次冒落后，其由两边支撑状态，变为悬臂状态，工作面垮板将加速下沉，支架压力也有所增高，基本上也就随着回采与放顶而冒落。初次垮落距的大小决定于直接顶岩石的强度、直接顶的分层厚度以及直接顶内裂隙的发育程度，它是评价直接顶稳定性的一个综合指标。

（2）初次来压与初步来压步距

由于冒落的直接顶往往不能充满采空区，使老顶处于悬空状态。这时工作面煤壁上所承受的支承压力，又随着老顶垮度的增加而加大。当其也达到极限垮度时，就会发生断裂而垮落，使工作面顶板下沉量及下沉速度急剧增加。工作面从开切眼以来首次大规模来压，称为初次来压。产生初次来压的采空区走向长度（从切开眼至工作面的距离）称为初次来压步距，一般为 20 ~ 35m，也有 50 ~ 70m，甚至更大。老顶悬露面积可达几千甚至上万平方米。

（3）周期来压与周期来压步距

老顶冒落以后，其上部岩石重量主要压在冒落的碎石上，从而减轻工作面煤壁的负担，支承压力及其影响范围有所减少。这时靠近工作面处的直接顶与老顶悬露长度比较短，工作面空间得到老顶悬臂梁的保护。当工作面继续推进，老顶悬顶距又逐渐加大，挠度相应增加，煤壁内的支承压力也继续增长，达到极限垮度又一次破断，再次呈现普遍来压现象，继而又恢复到上述状态。这种周期性发生的顶板急剧活动现象，称为周期来压。两次周期来压期间工作面推进的距离，称为周期来压步距，一般为 10 ~ 15m，仅是老顶初次来压步距的 1/4 ~ 1/2。周期来压的主要表现形式是：顶板下沉速度剧增，下沉量变大，支柱载荷普遍升高；有时可能引起煤壁片帮、支柱折损、顶板台阶下沉，甚至发生局部冒顶与切顶等。在生产上应该熟知征兆，严加注意。

4. 采场上覆岩体的移动

煤层采空以后，如果不加充填，经回采工作面初次来压，随后又继续推进，上覆岩体也将破裂，呈现为分带性的岩石移动，直至地表出现塌陷区。上覆岩体的三带岩移特征是：

（1）冒落带。即煤层顶板因受拉应力和剪应力的作用，呈不规则破碎垮落，岩块间具大小不等的间隙，冒落到一定高度，充满采空区，与上部岩层相接触的那一部分岩体。此带岩体碎胀系数比较大，一般可达 1.3～1.5，压实后仅为 1.03 左右。对于缓斜煤层，大多数长壁工作面采空区斜长较大，冒落带形状基本上呈平顶形。其他斜长较小的采空区则为拱形。倾斜煤层的冒落带形状为倾斜上方、下方较低的拱形。急倾斜煤层的冒落带形状基本上呈拱形，拱顶在斜上方。裂隙带形状与冒落带形状相仿。

（2）裂隙带。即在冒落带之上，岩层虽已破裂，但未产生很大错动，依然整齐成层排列的那一部分岩体。此带岩体碎胀系数甚小。

（3）弯曲下沉带。即裂隙带之上，直至地表的那一部分岩体。因其离采空区远，裂隙稀少，互不沟通，岩层仅呈整体的变形移动。

对于采场地压，主要研究冒落带与裂隙带的岩石性质、成层厚度、构造变动的力学结构，以考察顶板承压活动的规律。

5.影响采场地压的主要因素

影响采场地压的主要因素主要包括地质与采矿两个方面。属于地质方面的，如煤层的埋藏深度、成层条件；顶板的岩石性质、分层厚度、组合关系、地质构造的破坏程度，特别是断层、裂隙的发育情况、活动特点以至区域稳定特点，地下水的水化性质和瓦斯的赋存状况等因素。通过对采动岩体的物理力学性质的鉴定、应力分布情况的分析，以及采场地压强度的观测与计算，不难看出，地质因素是最基本的因素。但是，诱发地压现象显现，起制约作用的则是采矿方面的因素，诸如矿井的开拓方式、巷道布置，煤层的开采顺序、开采方法，顶板的管理方法、支护型式等。此外，根据采场地压显现的一般规律和人们对于控制自然、改造自然的经验，认为矿井的开采深度、煤层的倾斜角度、工作面的回采高度、控顶距离及推进速度等，也是主要的影响因素。

（1）矿井开采深度

矿井开采深度直接影响煤岩层原始应力的大小。岩层承受重力变形而积聚的能量与开采深度的平方成正比。煤壁支承压力的分布范围随着开采深度的增加而扩大。由此引起的围岩变形、破坏，煤壁片帮以及岩移的冲击，煤与瓦斯的突出等，均因开采深度的递增而益加严重。采场地压将是矿井深部开采的重大研究课题。

（2）煤层倾斜角度

煤层倾斜角度主要影响顶板下沉的重力作用方向。一般急倾斜工作面的顶板下沉量与缓斜工作面比较大约要小一倍。而且煤层上部冒落带的顶板岩石垮落后，可能顺底板滑动，造成采空区充填的不均匀性，影响力的平衡，由此可能从根本上改变采场地压显现的一般规律。在进行采场地压分析时应予以充分注意。

（3）工作面可采高度与控顶距离

工作面可采高度与控顶距离直接影响工作面顶板的重力作用及其下沉的各个重要参数。在一般情况下，采高越小，顶板下沉量越小，稳定性越好。反之，顶板下沉量增大，稳定性变差，煤壁也容易片帮。控顶距越小，顶板下沉量也越小。但是顶板比较坚硬，过小的控顶距将与悬顶距不相适应，常会造成顶板管理上的困难。

（4）工作面的推进速度

对于工作面力的作用及其平衡，只是受时间因素的影响，顶板下沉量为时间的函数。因此，加快工作面的推进速度、缩短作业循环的时间间隔，一般能够改善工作面的受力状态、减少顶板下沉量。但是与此同时，整个顶板下沉速度将因其剧烈移动而可能增加。尤应注意落煤放顶并行作业引起的冒顶事故。

（三）冲击地压

冲击地压是矿井开拓开采过程中地压活动的一种突发形式。

1. 冲击地压的显现征兆

冲击地压是以煤（岩）层中积聚巨大的弹性潜能，以突然释放的形式显现出来的。其主要特征有：

①类似爆炸的巨声；

②巨大的冲击波；

③强烈弹性振动；

④煤体挤压移动或粉碎；

⑤顶板下沉、底板鼓裂等。

2. 冲击地压现象的分析

（1）煤与岩石的力学性质

根据受压物体单位体积内应变能与压应力的平方成正比，与弹性模量成反比的力学分析，在地应力作用下，粒状结构、强度较小又呈脆性的煤（岩）层，弹性应变超过全部应变的 7% 时，容易发生冲击地压。例如，在地质构造变动剧烈，特别是新构造活动强烈地段，高应力区的煤（岩）层中，邻近坚硬岩层或硬煤层的松软煤体中，一般发生次数较多。

（2）岩体应力状态

根据岩体内原岩应力的分布及应力应变的关系，在岩体应力集中、变化又大的地区，容易发生冲击地压。例如，冲击地压发生次数与强度大都随着开采深度的加大而增加。80% 的冲击地压发生在地质构造剧烈变化的地带，以及临近相邻煤层的回采、相向工作面的回采、采动影响下的煤柱留设部位、放炮落煤与回柱放顶的平行作业期间等。只要出现应力叠加、应力集中、应力急剧变化时，极易触发，冲击强度也大。

（3）瓦斯赋存状况

根据瓦斯赋存地质条件的分析，一般在围岩透气性差、瓦斯含量高、瓦斯压力大、压力梯度大的煤层中，以及煤层瓦斯的积聚部位又是构造变动的应力集中部位，容易发生煤与瓦斯突出。例如，在石门掘进中揭开瓦斯煤层时，经常引起突出，次数多，最具危险性。

根据上述分析，诱发冲击地压的物质条件是由煤（岩）层的物理力学性质决定的，而其动力因素则为原岩应力（包括自重应力与构造应力）的活动，或伴之有瓦斯压力的作用。由此可知，冲击地压的发生，与煤（岩）层所处的深度、地质构造的部位、地应力大小及方向、地下作业的采动影响、开拓设计与采掘工艺等密切相关。

3. 冲击地压的防治措施

冲击地压给矿井安全生产带来极大危害，必须通过地质的调查研究，分析诱发原因，掌握突发规律，并在此基础上开展地压预报，切实做好预防和治理工作。

四、矿井地压的地质调查

矿井地压地质调查的任务：一是调查矿井煤（岩）层的岩石力学性质、地质构造的力学性质及展布特征，水和瓦斯赋存情况及活动规律，掌握矿井地压的地质基础资料；二是分析矿井地压发生的原因及其作用特点，以掌握它的显现规律，配合生产部门提供安全作业所需的地质资料。

（一）井巷施工岩体的地质调查

矿井地质部门应采用岩体力学方法对井巷地压活动进行分析、量测及计算，从降低围岩应力、提高围岩强度、维护井巷稳定、防范地压危害的要求出发进行地质调查。

在井巷设计与施工过程中，除了要提供一般岩性描述与构造观测的资料外，还要进行施工岩体的各项工程地质指标的测定、各种构造形迹的鉴定及构造应力场的分析，以确定围岩的类别及所属的工程地质条件分区，编制各种工程地质图；及时进行工程地质预报，配合设计与施工部门，选择地质条件好、采动影响小的井巷位置，安排合理的采掘次序，制定安全、经济、快速的施工方案。

（二）采场煤层顶板分类的地质调查

1. 顶板岩性调查

对煤层顶板除做一般岩性描述外，要特别注意测定岩石强度。从简便实用出发，一般可用单向抗压强度来代表岩石的力学性质。

2. 顶板裂隙统计

裂隙破坏岩体完整性，从而降低它的强度和稳定性。裂隙观测一般是以肉眼可见的、最为发育的一组构造裂隙为主。在巷道或工作面内选定 10 ~ 15 个观测点，统计裂隙在其垂直走向上的间距，最后取其平均值作为计算指标。由于裂隙的产状对顶板稳定性也有不同程度的影响，可分组测量裂隙的走向、倾向或倾角，编制顶板裂隙玫瑰花图；或布点测量线裂隙率或面裂隙率，以更好地反映煤层顶板的强度特征。在工作面观测时，应注意区分采动裂隙（亦名地压裂隙）与构造裂隙，不要混同统计。

3. 顶板分层厚度测量

煤层顶板岩层的分层厚度是指同一岩性的岩层内层理弱面的铅垂间距。测量分层厚度不仅可以更好地反映顶板的结构形式，而且可以更好地鉴定岩石的性质与强度。测量方法是：在巷道或工作面控顶区采空冒落处，统计 10 ~ 15 点的分层测量数据，然后取其平均值作为分类的计算指标。如果最下面的分层厚度大于1m 时，以该层厚为准，否则取直接顶下岩层的分层厚度 1.5 ~ 2.0m 内各分层厚度的平均值。

（三）地压的地质因素调查

1.煤系岩性及其组合因素

岩（煤）层的物理力学性质是构成地压活动最直接的影响因素。对于含煤地层的地质调查，应在地质报告的大量实测剖面和钻孔资料的基础上进行，对起关键作用的煤（岩）层，如煤层顶底板岩层、含水岩层、坚脆砂岩层、松软泥岩层等，要逐层分析它们沿走向和倾向方向上的变化、受构造破坏的情况。在垂直方向上要系统研究各个煤、岩层的层次及组合情况，统计顶底板的特征、含水层组的结构、含有地压潜在危险层组的指标，以及它们和煤层之间的各个间距。最后要在能够反映工程地质特征的采掘工程平面图上圈出有地压潜在危险的区域，在剖面图或柱状图上标出有地压潜在危险的层段，并附有关危险性鉴定指标。

在尚无煤、岩层力学实验数据的矿井中，应在石门、联络巷处取样，加工成试块送实验室测定。岩样规格：垂直层理面高为 100 ~ 150mm，长与宽各约200mm。试块规格：50mm×50mm 的圆柱体或 50mm×50mm×50mm 的立方体，其端面要与原岩层理面平行。每一岩层试件不少于 3 个，据测试结果取平均值。

2.地质构造的因素

矿井地压的形成及其显现的形式、特点和强烈程度，均与地质构造密切相关。在做矿井地压调查时，应以地质力学的理论作指导，注意各种构造形迹尤其是新构造形迹的鉴定，辨别其生成序次，把大体上属于同一时期、受同一应力作用所形成的构造配套，鉴定构造体系，划分构造型式，用统一的应力场做出解释；进一步分析构造体系复合联合的关系，了解某些地应力场叠加所产生的构造形迹，以确定构造体系的复合和联合部位，进而对区域稳定性做出综合评价。这些调查对于预测地压的显现规律是很有意义的。例如，在不同构造体系的复合部位、断裂交叉点附近、旋转构造收敛部、断裂的两端、平面分布上断裂反复转弯的部位、雁行排列（斜列）断层相邻两条的首尾相接部位、同一条断层倾向变成反向的转折点附近、一断裂两侧差异运动较剧烈的部位、褶曲轴部和翼部的交界附近以及冲断层或逆掩断层的上盘等，均为构造应力集中特别是应力高度集中的地段，可以作为地压研究的重点区域。

3. 水文地质的因素

矿井水对于矿井地压的影响，主要是水的浸润渗透，改变了岩石的力学性质，降低了岩体强度，从而引起围岩的变形与破坏。吸水性强的岩石，容易被软化、液化或产生鼓胀作用，使井巷围岩失稳、采场顶板松散、底板泥化。特别是在采动影响下，原有岩体的水文地质结构被破坏，引起地下水运动状态的改变，使巷道或工作面局部的应力集中，发生地下水压力的冲溃现象。因此，进行水文地质调查时，应观测地下水的水位、水压、水理性质，含水层分布与煤层的间距、隔水层性质以及其间组合关系等，特别要注意出现与冲击地压伴生的突水现象。

4. 瓦斯地质的因素

煤与瓦斯突出是冲击地压的一种表现形式。研究煤与瓦斯突出的原因，必须系统收集瓦斯地质资料。瓦斯突出这一地压现象是和煤层厚度、煤层结构、煤质变化、煤层顶底板岩性、构造影响以及地下水活动等有关。主要是引起瓦斯含量变化与瓦斯压力增减，导致其随赋存条件的变化而得到物质的与动力的储备，构成突出的基础。对有可能发生或已发生的地段进行详细的地质描述与记录，尽可能以煤层构造图或煤层厚度图作为底图来编制突出点分布图，瓦斯含量、瓦斯压力等值线图，作为分析突出的依据。

（四）矿井地压的地质预报

矿井地压的地质预报主要是进行采场地压及冲击地压的地质预报。

1. 根据矿井地压显现前兆的预报

（1）老顶来压的前兆

①顶板下沉速度急剧增加，下沉量变大；

②煤壁松动、片帮、掉块频繁；

③出现深沉煤炮声；

④支柱载荷普遍增大，木支柱及柱帽折损、破裂，并伴有紧促的噼啪声；

⑤顶板破碎度（支架前方空顶距内冒落面积比）、顶板冒落敏感度（空顶宽度1m时的管顶面积百分比）增大；

⑥管顶高度与冒落空间明显增高与扩展。

（2）冲击地压的前兆、宏观前兆

①顶底板移近量增大，活动急剧；

②煤壁松动，片帮次数增多；

③煤炮声响增大加密；

④炮眼钻粉量增大，每米增加 2～3 倍以上；

⑤钻具推进力降低，甚至无须加力而自动推进。

微观前兆：

①微震地点趋于集中，微震次数频繁，并逐渐加密；

②微震强度逐渐增大，一般在间隔数小时至十几小时后就会突然发生；

③煤或岩层的弹性波速增加，采动影响下的地应力明显集中，此时煤层弹性波速要比正常状态增加 20% 以上。

2. 根据现场仪表观测预报

（1）利用地应力测量的方法

例如，用电感法、振弦法、声波法、地震法等进行岩体应力的量测。根据各个应力值的变化，揭示采场应力的分布及其作用过程，确定地应力活动异常值（域），圈出高应力区与岩石移动区的范围，进行采场地压可能发生的强度时间和位置的预报。

（2）利用采场岩层动态观测的方法

在回采工作面进行支架载荷与其压缩量，以及顶板下沉的"三量"观测。顶板下沉反映工作面顶板稳定状况，下沉速度可以确定顶板稳定的极限状态，支架载荷与支柱压缩量是分析工作面支护状况及效果的依据。顶板下沉速度急剧变化并超过某一限度时是顶板垮落的前兆。掌握顶板的极限下沉速度值可以预报工作面可能出现的冒顶危险。分析顶底板相对移动量的变化情况，统计来压步距，可以预测工作面来压的强度、时间和位置。

3. 根据地质力学方法预测

应用地质力学原理，确定构造应力活跃地区和应力集中的部位，并对煤（岩）的物理力学性质进行综合分析，概略地得出工作区内有无发生冲击地压危险的评价，进而根据地应力空间分布，煤（岩）层埋藏条件，与区内巷道、工作面之间的组合关系，提出发生冲击地压条件及其强度、位置和时间的可能性预报。

4. 根据钻孔岩芯变形预测

利用井上下各种用途的钻孔，或专门布置探测钻孔取得的岩芯进行仔细鉴定，研究所在地区煤（岩）层埋藏条件，分析地应力施加于煤（岩）层的影响。一般在硬质岩层中，如果岩芯呈圆片状，并出现鱼鳞片凸起，则表明此处应力增高，可能有冲击地压发生的危险；若呈圆柱状，则表明地层无异常现象。在煤层中可采用"钻屑定量法"，即向待测煤层打一个长钻孔，称量特定长度内所形成的钻屑量，用于与高应力区钻屑量进行对比，也可帮助预测该区有无冲击地压发生的可能。

03

煤层气地质勘查
与开发技术

第一节　煤层气地质评价

煤层气综合地质评价是分阶段的，包括区域预评价、勘探阶段地质评价和开发阶段评价等。由于不同阶段评价所依据的资料可靠程度和详细程度不同，造成评价的具体内容和结果有所差别。

一、评价的主要内容

煤层气综合地质评价涉及煤层气地质学的所有内容，必须对控制煤层气赋存的地质因素和储层进行系统的描述。煤层气可开发性最为关键的控制因素有6个：

①沉积体系和煤层空间展布；
②煤级；
③含气量；
④渗透率；
⑤地下水动力条件；
⑥构造背景。

这6个因素的相互作用和匹配决定了煤层气的可开发性。

（一）地质背景

通过已有的生产、科研资料和初步的野外、室内工作，了解煤层气赋存的区域和局部地质背景，是煤层气综合地质评价的基础工作，主要包括以下几个方面的内容。

（1）层序地层学研究

层序地层学研究是通过地质、测井和地震资料对含煤岩系的地层层序、沉积环境进行详细研究，识别和划分出层序、副层序和体系域。层序地层学研究的目的是提供精细的煤岩层对比，查明煤层形成的控制因素和时空展布规律。

（2）构造地质学研究

构造作用控制沉积环境、局部气候和生物的分区，因此直接或间接地控制着煤层气的形成与聚集，是煤层气赋存和产出的主控因素。构造地质主要研究内容包括：地层的产状，产状封闭性和形成时期，裂缝系统如节理、割理等的特征，断层的性质、位置、大小、褶皱形态。现代构造应力场的方向和大小与煤层气储层的关系密切。如果现代构造应力场最大主应力方向与裂隙的走向一致，则该方向的渗透率最高；如果垂直，则渗透率急剧降低。

（3）水文地质研究

与常规油气开发不同的是煤层气的开发必须首先排水降压，因此查明地下水的赋存状态和分布规律直接影响到煤层气开发成功与否。水文地质学的研究包括含水层的分布与含水性、地下水的补给情况及其压力分布、水的矿化度及其水化学特征等。地下水的运移对煤层气的赋存存在两个方面的作用：一是水力运移造成煤层气逸散，最常见的是导水性断层的存在沟通了煤层与含水层，造成煤层气的散失。我国的太行山东麓、鲁西南等地区均存在此类情况。二是地下水的运移可以造成煤层气的富集与封堵。美国圣胡安盆地水果地组的高渗、高压带即属此类情况。

（4）其他研究

例如，沉积演化史、埋藏史、构造演化史（包括煤的热演化史）与火成岩的影响等。

总之，区域地质背景研究是一项涉及多学科、多手段的综合性研究，旨在查明煤层气的生成、赋存、运移、产出的控制因素，从而优选出有前景的勘探区带。

（二）储层描述

储层描述是通过一系列参数对储层进行定性和定量描述，查明储层的空间展布特征，并通过储层模拟了解煤层气水的运移、产出状态，为勘探开发提供依据。

（1）煤的吸附、解吸特征

一般采用兰氏方程描述煤的吸附特征，通过吸附等温线和兰氏体积、兰氏压力、临界解吸压力、含气饱和度等参数对其进行描述。

（2）孔隙特征

孔隙特征由孔隙度、孔隙体积压缩系数、孔隙结构等参数描述。

（3）渗透率

渗透率是决定煤层气开发成功与否的关键参数，绝对渗透率、相对渗透率的空间变化规律是煤层气勘探开发必须获得的参数。这些参数可通过实验室测试、试井或储层模拟获得，但以试井获得的渗透率最为可靠。

（4）储层压力和温度

储层压力和温度是控制煤层气运移和产出的重要参数，通常由试井获得。

（5）储层数值模拟

储层数值模拟是运用煤层气储层模拟软件，模拟原始状态下气水在煤层内的运移和产出状态，全面了解储层性质和开发动态的一种技术，包括三个方面的内容：历史匹配、敏感性分析、产量预测。

二、地质评价的内容和原则

区域地质评价阶段是根据已有的生产、科研资料，对含煤盆地或含煤区进行煤层气开发潜力的初步评价，优选出有利的投资地区。

（一）区域地质评价的内容

1. 资料收集与野外调研。对研究的含煤盆地或含煤区已有的实际资料进行全面收集，主要包括基础地质资料、煤资源量资料、气资源量资料和储层特性资料四个方面。野外调研包括露头及井下地质剖面的实际观测和取样。

2. 室内资料整理和分析。从收集到的和实测的各方面资料中提取出有用的地质参数，建立符合研究区实际情况的预测评价模型，即各种评价参数的适用性、评价原则、评价标准等。

3. 初步评价。根据已经建立的评价模型，进行全面的煤层气开发潜力评价，优选出煤层气勘探开发区的有利远景区。

4. 前景勘探区的确定。通过各种图件（煤厚等值线图、含气量等值线图、煤级图、埋深图等）分析，从远景区中优选出有利区块，供进一步勘探。有利勘探区块的优选主要从以下几个方面入手：

（1）煤层气含量。确定富含煤层气的煤层及其厚度，由解吸实验确定煤层气含量及其分布规律，圈定煤层气风化带，确定可能的气藏范围并计算远景资源量。

（2）确定可渗透储层。根据煤中裂隙的描述、测井资料、构造曲率分析、构造应力分析等确定渗透性较好的储层。

（3）水文地质条件分析。查明煤岩层含水性、径流条件、煤岩层之间的水力联系，获取水文地质参数。在某些地区水文地质条件可能是控制煤层气开发的主要因素，因为地下水的运移不仅能导致煤层气的逸散，而且更重要的是导致煤层气的富集。

5.综合评价。确定可供勘探的有利区块和煤层，提出勘探井位。

（二）评价原则

煤层气区域地质评价应以高资源丰度、高渗透性为原则。具体为：

（1）煤层厚度与含气量。煤层越厚，层数越多，含气量越高，越有利于煤层气的勘探开发。

（2）裂隙发育情况。裂隙发育情况决定了渗透率的高低。发育完好的裂隙、割理系统预示着渗透性好。以原生结构煤与碎裂煤的渗透性最好。

（3）后期构造作用。后期构造作用越强烈，煤体结构破坏越严重，越不利于煤层气勘探开发。

三、勘探阶段地质评价

在区域地质评价提供的远景区块布置探井，通过钻井测试作业得出更为可靠的储层参数。根据这些参数对探区进行勘探阶段的地质评价，进一步认识探区内煤层气的开发潜力，优选出最佳区块。勘探阶段通常要完成以下任务：

（1）取全目的层煤芯。对煤芯进行含气量、吸附等温线、镜质组反射率、工业分析、元素分析、孔隙度、渗透率、孔隙体积压缩率等测试。

（2）测井。至少应进行密度、伽马、电阻率、微电极、自然电位等测井，由此可精确识别煤层及其厚度、深度、密度、孔隙度、灰分产率等。

（3）试井。由此可获取试井渗透率和原地应力等参数。

通过以上获得的参数可对煤层气的开发潜力做出较为可靠的评价，同时还可运用储层模拟软件对主要参数进行敏感性分析，确定影响煤层气产量的主控因素，指导下一步的勘探开发。

四、初期开发试验阶段地质评价

与常规油气不同，经过上述两个阶段的评价，还不可能充分认识煤层气的开发潜力，必须进行正式开发前的小规模试验性开发，即初期开发试验。该阶段是在最有利区块内部进行小井网试验性开发作业。因此，初期开发试验阶段的主要任务为：

通过长期连续的排采作业，建立气水产量与压力、时间关系剖面；形成井间干扰，了解储层的渗透性以及渗透率的各向异性；由储层模拟技术进行井距、完井方式的优化分析；经济分析。

随开发井的完成以及试生产，更多、更全面的评价参数使我们对储层以及储层内流体的认识越来越深入。因此，初期开发试验阶段的地质评价已不再是区域评价阶段的有利区块选择和勘探阶段的储层精细描述，而是产能的预测。主要评价参数是煤层气井经过强化处理后获得的产出速率。产出速率的评价标准因受煤层气市场价格、工艺水平和生产成本的限制，不同国家、不同地区不尽相同。

第二节　煤层气钻井

一、确定井类

煤层气开发活动中使用了3种类型的钻井方式，即采空区钻井、水平钻井和垂直钻井。

采空区钻井是从采空区上方由地面钻入煤层采空区。采空区顶板因巷道支架前移而塌落，产生的裂缝使气体从井中排出。如果采空区附近还有煤层并和采空区相连通，则气体产出量增大。从采空区采出的气体因混有空气往往使热值降低。水平钻井有两种类型：一种是从煤矿巷道打的水平排气井，主要和煤矿瓦斯抽放有关。另一种是从地面先打直井再造斜，沿煤层水平钻进（排泄孔），其目的是替代垂直井的水力压裂强化。

如果煤层出现渗透率各向异性，打定向排泄孔可以获得较高产量。该方法适于煤厚大于 1.5m 的煤层，但成本较高。垂直井是目前用于煤层气开采的主要钻井类型，它直接从地面钻入未开采的煤储层。依据钻井目的不同可将其分为 4 种类型，即取芯资料井、测试试验井、生产井和观测井。在新勘探区，为建立地质剖面、掌握煤层及围岩的地质资料、估算资源量，就必须布置取芯井，采取岩心和煤芯样进行化验分析，特别是煤层顶底板附近的岩心，应了解其力学性质及封闭性能，同时采集煤芯样进行含气量、渗透率测定以及常规工业分析、煤岩分析等。煤芯样对于了解煤层深度、厚度、吸附气体含量、吸附等温线的测定以及解吸时间的确定等至关重要。为了满足煤芯含气量测试的要求，常常采用绳索半合式取芯装置，以缩短取芯和装罐时间，减少气体散失。

对于选定的试验区，要进一步了解围岩的地应力和煤层的渗透性，掌握煤层的延伸压力（岩石扩张裂隙的最小应力）、闭合压力（岩石的最小水平应力）和小型压裂压力，选择压裂方向，进行压裂设计，就需要有试验井。由于地应力测试是在裸眼井条件下进行，所以试验井的钻井，必须保证井壁的稳定性，防止煤层有较大的扩径。为此，应采用平衡钻井工艺。

为开采煤层气，就必须打生产井。生产井的主要问题是稳定产层，减少储层污染伤害。因此，在生产井钻进时，应严格操作标准，采用平衡—欠平衡钻井工艺，使用低 pH 值（pH=5.5 ~ 7.5）的非活性泥浆，或采用雾化空气钻进、地层水钻进，尽量减少对煤的基质和矿物成分的影响，确保煤层割理（或裂隙）系统的清洁、畅通。

在生产开发区，为获取储层参数、掌握煤层气井的生产动态，还需要设置观测井。这类井常采用平衡钻井工艺和稳定的裸眼完井技术。

煤层气井的井孔设计应尽可能相互兼顾，做到一井多用，以降低费用。

二、钻井设计

在尽可能多地获得地层和储层参数并加以分析后，就可以进行钻井的设计工作。钻井设计很大程度上决定了所用钻井、完井、生产工艺类型以及所需的设备。

钻井设计应包括钻井地质设计、钻井工程设计、钻井施工进度设计和钻井成本预算设计 4 个部分。设计的基本原则是：

（1）钻井地质设计要明确提出设计依据、钻探目的、设计井深、目的层、完钻层位及原则、完井方法、取资料要求、井深质量、产层套管尺寸及强度要求、阻流环位置及固井水泥上返高度等。

（2）钻井地质设计要为钻井工程设计提供邻区、邻井资料，设计地层水、气及岩石物性，设计地层剖面、地层倾角及故障提示等资料。

（3）钻井工程设计必须以钻井地质设计为依据，有利于取全、取准各项地质工程资料；保护煤层，降低对煤层的损害；保证井身质量；为后期作业提供良好的井筒条件。

（4）钻井工程设计应根据钻井地质设计的钻井深度和施工中的最大负荷，合理选择钻机，所选钻机不得超过其最大负荷能力的 80%。

（5）钻井工程设计要根据钻井地质设计提供的邻井、邻区试气压力资料，设计钻井液密度、水泥浆密度和套管程序。

（6）钻井工程设计必须提出安全措施和环境保护要求。

三、钻井

由于煤层气储层特性的特殊性，使得煤层气井的钻进过程必须突出两个目标：防止地层伤害；保障井孔安全。需要注意的问题应包括：地层伤害、高渗透层段的钻井液漏失、高压气，水引起的井喷以及井筒稳定性。

（一）煤层气井的钻进方式

煤层气井的钻进方式一般有两种：普通回转钻进和冲击回转钻进。

钻进方式的选择，主要取决于煤层的最大埋深地层组合、地层压力和井壁稳定性。对于松软的冲积层和软岩层，可采用刮刀钻头；中硬和硬岩层更适于用牙轮钻头。

一般来说，浅煤层钻井，地层压力一般较低（小于或等于正常压力），宜选用冲击回转钻进，用清水、空气或雾化空气做循环介质。这一方法钻进效率高，使用非泥浆体系的欠平衡钻进工艺也减少了泥浆滤液对储层的伤害。当钻遇裂隙发育并产生大量水的地层使用冲击钻头时，以空气和流体混合交替方式钻进往往是最经济、有效的方法，并且对井孔的损害最小。深煤层钻井，由于地层压力一般较高（大于正常压力），井壁稳定性较差，因此使用水基泥浆体系的普通回转钻进工艺，以实现平衡压力的目的。当使用泥浆钻进时，应特别注意尽量降低对煤层井段的地层伤害，因为煤中裂隙一般都很发育，即使采用平衡钻进，也会引起少量滤液进入煤层。

在某些超压区进行钻进时，为确保井壁稳定性和钻井安全问题，常常使用微超平衡水基钻井液。

（二）煤层气井的钻井参数

在煤层段钻井，应采用"三低钻井参数"，即低钻压、低转速、低排量。根据所钻煤层的特殊情况，一般选取钻压为 30 ~ 50kN，转速为 50 ~ 70r/min，泵排量为 15 ~ 20L/s。

在非煤层段钻井时，可根据实际情况增大钻压、转速和泵排量，快速钻进，提高机械转速，缩短钻井时间。可参照常规油气井确定的钻井参数进行钻进。

四、取芯

煤层气井的取芯作业，往往是获得详细的地层描述和储层特性的最直接、最可靠方法。在煤层气储层评价中，许多重要的储层参数都来源于对取芯样品的分析、测定，如煤中割理、煤质、含气量、吸附等温线、解吸时间、孔隙度等。因此，取准、取全第一手资料是煤层气储层评价的关键。具体地说，煤层气井的取芯目的是为下述作业服务的：测定煤层气含量，测定煤的吸附等温线，割理、裂隙描述及方向测定。这些数据是预测储层条件下流体扩散，渗透趋向等所必需的，其中割理或裂隙的方向，是设计布井方向和射孔或割缝方向的重要依据。

为达到取芯目的，煤层气井取芯必须满足以下要求：

（1）高的煤芯采取率。提供足够数量的煤芯，满足各种测试要求和保证测试精度。

（2）短的气体散失时间。减少取芯时间和出筒装罐时间，提高含气量测定的准确性。取芯时间与取芯方法和井深有关，取芯后装罐时间一般应小于15min。

（3）较大的煤芯直径。通常以 7.6 ~ 10.2cm 较为适宜，以提高生产层评价质量。

（4）保持完好的原始结构。进行割理、裂隙描述与方向测定，反映储层的真实面目。

（5）降低煤芯污染程度，提高数据质量。

第三节　煤层气测井

一、煤层气地层评价的测井资料

测井是指井中的一种特殊测量，这种测量作为井深的函数被记录下来。它常常指作为井深函数的一种或多种物理特性的测量，然后从这些物理特性中推断出岩石特性，从而获得井下地质信息。但是，测井结果也并非仅限于岩石特性的测量，其他类型的测井实例尚有泥浆、水泥固结质量、套管侵蚀等。

测井一般可分为借助电缆传输进入井内仪器获得信息的电缆测井和无电缆的测井，如泥浆测井（钻井泥浆特性）、钻井时间测井（钻头钻进速率）等。本节重点介绍电缆测井。在煤层气工业中，要评价煤层的产气潜力，首先应了解煤的储层特性和力学特性，这些特性的获得主要有 3 种途径：钻取煤芯作室内测试、利用测井进行数据分析、进行试井。

煤芯，测井和试井数据的综合运用，可以增加数据可靠性，提高资源评价精度。煤层厚度、煤质（工业分析）、吸附等温线、含气量和渗透率，对以储层模拟为基础的产量预测有重大影响。取自煤芯的分析通常用来确定吸附等温线、含气量和煤质，测井数据用来确定煤层厚度。确定煤层渗透率最可靠的方法则是通过试井作业的试验数据分析。这些方法通常被看作确定储层特性的基础或依据准则。但是，由于某些煤芯和试井带来的误差，煤芯测试程序缺乏标准化，特别是取芯和试井费用昂贵，人们希望能有一种确定每个储层特性的替代方法。通过这种替代方法获得测定关键储层的特性，并校正那些不一致的或错误的试验数据。目前，测井作业被认为是最具前途的一种手段。一旦用煤芯数据标定了测井记录数据，技术人员就可以单独利用测井记录数据精确估计补充井的储层特性。据Olszewski 等人对 40 口井开发项目地层评价费用的估算，使用标定的测井方法可以比现行的地层评价方法降低约 16% 的费用。因此，测井在煤层气工业中正发挥着越来越重要的作用。

二、从测井资料获得的储层特性

测井资料的价值取决于井孔作业者的目的，而测井信息与其他来源的信息（如煤芯、试井）相结合，可使技术人员逐步获得某一矿区所有钻井全部潜在目标煤层的关键储层特性，以达到最佳的产量决策，这比单独考虑测井、煤芯或试井获得的储层特性更为可靠。再者，利用经过选择的煤芯和试井数据来标定测井数据，可以建立起矿区特有的测井曲线解释模型。然后再利用测井曲线模型获取以测井记录为基础的储层特性。这一方法显得尤为重要，因为我们可以根据每个钻井的测井记录和少数选定的"标准"井的煤芯和试井数据，得出关键储层特性的综合估计。可以看出，随着开发深度的增加，测井记录和其他数据来源之间的关系更多地依赖于测井资料。

（一）含气量

含气量是指煤中实际储存的气体含量，通常以 m^3/t 来表示。它与实验室测得的吸附等温线确定的含气量不同，在于煤的实际含气量通常包括 3 个分离的部分：逸散气、解吸气和残余气。目前，实际含气量往往通过现场容器解吸试验测得，精确确定含气量需要采用保压岩心。

一种间接计算含气量的方法是体积密度测井校正法。该方法是根据由岩心实测含气量和灰分的关系进行计算的，因为气体只吸附于煤体上，所以岩心中气体含量和灰分存在反比关系。从数学角度看，岩心灰分产率与高分辨体积密度测井数据有关，因为灰分产率严重影响煤储层的密度。因此，若有了代表性原地含气量收集数据，就可由体积密度测井数据计算含气量。

由于煤芯灰分与含气量有关，亦与密度测井数据有关，因此有可能根据高分辨整体密度测井资料精确估算含气量，并推断灰分产率为多少时预测的含气量可忽略不计。

用测井数据合理估计煤中含气量需要满足以下 3 个条件：由测井数据导出的等温线是正确的（包括水分、灰分和温度校正）；煤被气体饱和；温度和压力可以准确估计。

（二）吸附等温线

如前所述，煤中气体主要储存于煤基质的微孔隙中，这与常规油气储层中观察到的孔隙截然不同。煤中孔隙更小，要使气体产出，气体必须从基质中扩散出来，进入割理到达井筒。气体从孔隙中迁出的过程称之为解吸，按照气体解吸特性描述的煤的响应性曲线称之为吸附等温线。目前，吸附等温线是根据单位质量的煤样在储层温度下，储层压力变化与吸附或解吸气体体积关系的实验数据而绘制的曲线，压力逐渐增加的程序称为吸附等温线，压力逐渐降低的程序称为解吸等温线，在没有实验误差的条件下，这两种等温线是相同的。

等温线用于储层模拟的输入量，采用两个常数组，即兰氏体积和压力。由于缺乏工业标准，许多已有的等温线数据出现不一致现象，而且在许多情况下不适合用于储层模拟。不同水分和温度条件会导致煤芯测定的等温线有大的波动，煤层吸附气体的能力随水分含量的增加而降低，直至达到临界水分含量为止；温度对煤吸附气体能力的影响在许多文献中已有报道，温度增加会降低煤对气体的吸附能力。因此，强调用煤芯测定等温线时，必须将温度严格限定于储层温度下，避免因温度波动引起的数据误差。

测井数据能帮助解释用煤芯确定的吸附等温线精度。现在已导出了用测井数据估计干燥基煤的吸附等温线的一般关系式，它采用兰氏方程。在该方程中由固定碳与挥发分的比率导出兰氏常数，并按温度和水分加以校正。

实践证明，以测井数据为基础的煤的等温线估计，对确认煤芯等温线测试结果和解决因取样或实验不一致而造成的煤芯等温线数据中的误差极为有用。但是，由于研究程度有限，加上水分和温度估计中的误差，对以测井数据为基准的等温线计算有很大影响，所以目前尚不能确信测井数据能够独立应用于等温线确定。确认这项技术的准确性，还需要有更多的数据组做进一步研究。

（三）渗透率

试井是确定渗透率的最准确方法，但试井费用很高；若为多煤层，则其成本更高。这一方法在处理多煤层、两相流和气体解吸时还易受推断的影响。现已证明，自然电位、微电阻率和电阻率曲线的测井数据可用于估算煤层渗透率。

一种用测井数据确定裂隙渗透率变化的方法更适用于常规储层裂隙。煤层渗透率取决于煤的裂隙系统，它占煤体孔隙度的绝大部分。裂隙孔隙度是裂隙频率、裂隙分布和孔径大小的组合。因此，裂隙孔隙度直接与煤的绝对渗透率有关。它是渗透率量级的决定性因素，也是控制煤层气产率、采收率、生产年限以及设计煤层气采收计划的主要因素。双侧向测井对裂隙系统的响应，为渗透率的确定提供了依据。

该方法排除了在裂隙未扩展、无严重侵入或电阻性泥浆侵入情况下的判读误差。

确定煤层渗透率变化的另一种方法是依靠微电极测井，微电极测井历来用于识别常规储层中的渗透性岩层。微电极测井仪是一种要求与井壁接触的极板式电阻率仪，微电极仪记录微电位电阻率（探测深度 10.2cm）和微梯度电阻率（探测深度 3.8cm），微电极测井的多种探测深度使这种设备可用于渗透率指示仪。随钻井泥浆侵入渗透性岩层，在入口前方形成泥饼，泥饼对浅探测微梯度电阻率影响比深探测微电位电阻率影响要大，这种泥饼效应引起两种电阻率测值的差异，进而表明渗透性岩层的存在。尽管微电极测井也常常作为煤层渗透率指标，但由于在不同钻井中泥浆特性有变化和泥浆侵入程度有变化，所以微电极测井的定量解释是困难的。目前，煤中裂隙定量评价的唯一方法仍是使用 DLL 测井技术来实现。

三、测井资料的计算机模拟

某些煤特性必须用测井资料通过计算机模拟得出，因为不同测井设备对煤的响应程度不同，且随煤特性不同有所变化。因此，很难利用各类测井仪器响应同时界定或识别某些煤特性。有了计算机这一技术，特殊煤特性可由测井响应加以推断而无须测定。例如，当某种测井记录出现特定数据组时，可能显示灰分存在。类似的测井技术（不同测井系列）还可用于确定煤阶，识别常见矿物。例如方解石，它常常沉积于煤的割理之中，是一种重要矿物，可作为割理的指示矿物之一。含气量、煤阶、灰分产率、矿化带等和测井响应之间的关系，可通过计算机模拟来实现。计算机模拟的第一阶段是利用测井响应推断煤岩成分、灰分百分比、灰成分、矿化物和煤阶。目前，已建立的计算机模型中采用的煤岩组分是镜质组、类脂组和惰性组。尔后，将这些参数与附加的测井响应一起用于模拟的第二阶段，进行含气量和割理指数推断。含气量与灰分产率关系密切，且与煤阶有关；割理的存在可通过识别方解石、煤阶、某种煤岩组分、灰分产率进行推断。近期证据表明，薄煤层或灰分层增加了割理存在的可能性，因此必要时可使用计算机增强的高分辨处理。

计算机模拟的第三阶段是融合含气量、割理指数推断产量指数。尽管预测每个煤层的绝对产率非常困难，但在同一井内预测每一煤层与其他煤层相比时的相对产量指数，对完井决策很有价值；具有最大潜力的煤层是完井的首选对象，而其余煤层可作为第二阶段的生产计划。

另外，计算机模拟还能提供一种称之为自由水的曲线，这种曲线对预测初始水产率十分有用。为推迟水产量，可让相对无水的煤层首先生产。

计算机模拟的优点是，可以观察到某种煤特性（一定区域内）与某种测井响应之间有良好的相关性，这为在减少所需测井设备数量的同时能最大限度地获得有价值的煤层信息奠定了基础。更为先进的测井程序，可仅用于那些与质量控制有关的关键井孔。

第四节　完井、固井与试井

一、完井目的

煤层和砂岩储层的最大区别是气体存储和产出机理不同。在常规砂岩储层，气体存储在孔隙空间，通过孔隙和孔隙喉道流入水力裂缝和井。在煤储层，大多数气体吸附在煤表面；为了采出这些气体，必须降低储层压力，使气体从煤基质中解吸、扩散，进入煤层的割理系统。然后，气体通过煤层割理系统进入水力裂缝和井筒。因此，煤层气井常常需要独特的完井技术和强化措施，以便在井筒和储层间建立有效的联络通道，使煤层内部的气体解吸并流向井筒，以获取工业性产气量。煤层气井完井方法的选择、效果的好坏直接影响到煤层气的后期排采。

煤层气井的完井目的有以下几点：

（1）使井筒与煤中裂隙系统相连通。这种连通常用裸眼完井、套管射孔或割缝来实现，且往往要进行强化处理。

（2）为储层强化提供控制。在进行多煤层完井时，必须选择一种能够控制各单煤层强化作业的完井方法。

（3）降低钻井污染，提高产气量。钻井作业产生的钻井污染可导致近井地带气、水流动受到限制。为连通钻井与原始储层，必须消除这种流动限制。通过消除或绕过污染可以克服钻井污染问题。

（4）防止井壁坍塌，封堵出水地层，保障煤层气井的采气作业和长期生产。

（5）降低成本。为确保煤层气井的经济开发，必须严格控制完井成本，使用相对低廉的完井方法。在设计完井工艺时，必须选择那些不会限制多煤层产气量的套管尺寸。

二、完井方法

煤层气井的完井方法由常规油气井的完井实践演化而来。尽管地层类型不同，但应用了许多相似的储层工程原理，有些常规技术可以直接利用，而有些技术则需改进，以适应煤储层的独特性能。

煤层气井完井通常应考虑的储层因素包括：

（1）储层强化过程中的高注入压力。这种高注入压力常常由煤层特性所造成，如井筒附近复杂裂缝网络的产生、可能堵塞裂缝段的煤粉的生成、多孔弹性效应、裂缝尖端的滑脱等。

（2）煤粉的生成。煤粉流入井筒可导致井筒和地面设备严重受损或管道堵塞。水力压裂则有助于控制煤粉的产生。

（3）煤层裂隙系统必须与井筒有效连通，以便气体产出。

（4）采气前必须对煤层进行排水降压。许多情况下，煤的裂隙系统饱含大量的水。为使气体解吸并流动，则必须排水以降低储层压力。

（5）在最小井底压力下生产，以使气体解吸量最大。

（6）对某一煤组，选择单煤层完井还是多煤层完井。

（7）煤层通常遇到较低的弹性模量。

（8）时常遇到复杂的水力裂缝。

三、试井

试井是煤层气储藏工程的主要手段之一，是煤层气井生产潜能和经济可行性评价的重要途径。通过试井可获得以下资料：储层压力，渗透率，井筒污染，井筒储集、孔隙度和压缩系数的积（储存系数）以及压裂井裂缝长度和裂缝导流能力估算等。其中，储层压力和渗透率是关键参数，前者影响到煤层气的吸附与解吸，后者影响到煤层气的运移和产出。

试井是以渗流理论为基础的一种技术。根据渗流理论可将储层内流体的渗流区分为3种流态：稳态、准稳态和非稳态。稳态是指储层内任一部位的流体压力不随时间和累计产量的变化而变化；准稳态是指储层内流体压力随时间和流体产量呈线性变化；非稳态是指流体压力随时间和产量呈非线性变化。显然，实际储层不可能出现稳态流，但稳态流奠定了线性渗流定律——达西定律的基础，所有试井分析都建立在这一基础之上。

第五节　煤层气勘探生产开发技术

　　为适应煤储层的特殊性，常规的油气生产工艺必须经过较大改进，才能用于煤层气的开采。本章主要根据美国黑勇士盆地和圣胡安盆地的商业化生产实践，介绍煤层气生产工艺和流程，以期为未来我国煤层气的产业化生产提供借鉴。

一、煤层气生产的特点

（一）煤层气的地下运移

　　煤层气主要以吸附状态存在于煤基质的微孔隙中，其产出过程包括：从煤基质孔隙的表面解吸，通过基质和微孔隙扩散到裂隙中，以达西流方式通过裂隙流向井筒运移三个阶段。上述过程发生的前提条件是煤储层压力必须低于气体的临界解吸压力。在煤层气生产中，该条件是通过排水降压来实现的。因此，在实际的煤层气生产井中，气体是与水共同产出的，煤层流体的运移可分为单相流阶段、非饱和单相流阶段及两相流阶段。

（二）产气量的变化规律

　　煤层流体的运移规律，决定了煤层气的生产特点。典型的煤层气生产井的气，水产量变化曲线可分出如下三个阶段。

　　1. 排水降压阶段

　　排水作业使井筒水柱压力下降，若这一压力低于临界解吸压力后继续排水，气饱和度将逐渐升高、相对渗透率增高、产量开始增加；水相对渗透率相应下降，产量相应降低。在储层条件相同的情况下，这一阶段所需的时间，取决于排水的速度。

2. 稳定生产阶段

继续排水作业，煤层气处于最佳的解吸状态，气产量相对稳定而水产量下降，出现高峰产气期。产气量取决于含气量、储层压力和等温吸附的关系。产气速率受控于储层特性。产气量达到高峰的时间一般随着煤层渗透率的降低和井孔间距的增加而增加。在黑勇士盆地，许多生产井的产气高峰出现在 3 年或更长的时间之后。

3. 气产量下降阶段

随着煤内表面煤层气吸附量的减少，尽管排水作业继续进行，气和水产量都不断下降，直至产出少量的气和微量的水。这一阶段延续的时间较长，可达 10 年以上。

可见，在煤层气生产的全过程中都需要进行排水作业，这样不仅降低了储层压力，也降低了储层中水饱和度，增加了气体的相对渗透率，从而增加了解吸气体通过煤层裂隙系统向井筒运移的能力，有助于提高产气量。

气体自煤储层中的解吸量与煤储层压力有关。因此，为了最大限度地回收资源，增加煤层气产量，生产系统的设计应能保证在低压下产气。

二、煤层气生产工艺特点

煤层气生产主要包括排采、地表气水分离、气体输送前加压、生产水的处理与净化 4 个环节。

1. 生产布局

煤层气开发的生产布局与常规油气有较大差异。当煤层气开发选区确定以后，在钻井之前，就应进行地面设施的系统设计与布局。在确定井径、地面设施与井筒的位置关系时，应综合考虑地质条件、储层特征、地形及环境条件等因素。一个煤层气采区包括生产井、气体集输管路、气水分离器、气体压缩器、气体脱水器、流体监测系统、水处理设施、公路、办公及生活设施等。该系统中各部分密切配合，才会使得煤层气生产顺利进行。

2. 井筒结构

煤层气开发的成功始自井底。一般井筒应钻至最低产层之下，以产生一个口袋，使得产出水在排出地面之前，在此口袋内汇集。

煤层气生产井的结构是将油管置于套管之内，这种构型是由常规油气生产井演化而来的。这种设计还可使气、水在井筒中初步分离，从而减少地面气、水分离器的数量，并可降低井筒内流体的上返压力。一般情况下，产出水通过内径为10mm或20mm的油管泵送至地面，气体则自油管与套管的环形间隙产出。在黑勇士盆地，套管直径通常为115mm或140mm；而圣胡安盆地，通常为180mm或200mm。

除排水产气外，井筒的设计还应尽量降低固体物质（如煤屑、细砂等）的排出量。井底口袋可用于收集固体碎屑，使其进入水泵或地面设备的数量降至最低。在泵的入口处，可安装滤网，减少进入生产系统中的碎屑物质。另外，在操作过程中，缓慢改变井口压力，也有利于套管与油管环形间隙的清洁，降低碎屑物质的迁移。

第六节 煤层气勘探生产新技术与新方法

一、多分支井技术

多分支井技术吸收了石油领域的精确定位和穿针、定向控制与水平大位移延伸、多分支侧钻和欠平衡钻井等尖端技术成果，形成了一种兼具造穴、布缝和导流效果的煤层气开发应用技术。它通过在煤层中部署水平分支井眼，扩大井筒与煤层的接触面积，有效克服了储层压力和导流能力不足的缺陷，对低渗和低压储层增产效果显著。与常规直井技术相比，它具有服务面积广、采收率高、投资回收快和综合成本低等优势。开发煤层气的多分支水平井与低渗透油藏的最大区别，在于煤层多分支水平井要追求更长的水平位移和更多的分支数。

多分支井能够改善低渗透储层的流动状态，煤层段分支或水平井眼以张性和剪切变形形成的裂纹为主，并且在钻采过程中煤层应力状态的变化导致原始闭合的裂纹重新开启，原始裂纹与应力变化产生的新裂纹形成网状结构，所以煤层气多分支井技术突破了原来直井点的范围局限，实现了广域面的效应，可以大范围沟通煤层裂隙系统，扩大煤层气降压范围，降低煤层水排出时的阻力，大幅度提高煤层气的单井产量和采收率。煤层气单井产量可提高 10 ~ 20 倍，最终煤层气采收率可高达 70% ~ 80%。

（一）多分支水平井类型

多分支水平井按水平段几何形态可分为集束分支水平井、径向分支水平井、反向分支水平井、叠状分支水平井和羽状分支水平井。集束分支水平井是在一垂直井段钻多个辐射状分支井眼；径向分支水平井是在一垂直段钻出多个超短半径分支井眼；反向分支水平井，即一个分支井眼下倾，另一个分支井眼上倾，并且井眼方向相反；叠状分支井，用于开采两个不同产层或在一个低渗透阻挡层之上或之下开采油气；羽状分支水平井，即在一主水平段两侧钻出多个分支井眼。

（二）单煤组井身结构设计模型

在单个煤组厚度 ≥ 8m 时采用此模型。当煤组中有夹矸时，施工时井眼要同时穿过夹矸上下的煤层。图中的动力洞穴指靠应力释放形成的洞穴，机械洞穴指仅靠扩孔工具形成的洞穴，洞穴用于扩大水、气供给范围，施工时要考虑欠平衡钻井技术。

（三）多煤组井身结构设计模型

在煤组厚度均 <8m 时采用此模型，一般应以两个主要煤组为目标层。可在两个煤组同时钻多分支井以增加产量，这样就可以弥补单组煤厚不足的缺陷。

二、影响煤层气多分支水平井产能的主控因素

多分支水平井能够大幅度提高煤层气单井产量，但其影响因素也较多；要分析具体的影响因素，还要从分支水平井的产量函数入手。煤层水平方向的渗透率存在着各向异性，对煤层气井的产能有较大影响。煤层气分支井产量模型也属于多目标函数，其与煤层地质条件及分支井眼几何结构密切相关。根据煤层的物理特性，煤层气多分支水平井产能主要受以下与工程有关的因素控制。

（一）煤层厚度

煤层厚度对煤层气井的产量影响较大。煤层厚度增加，煤层气产量会有所增加，但薄煤层的气产量提高的幅度更大。

（二）分支水平井的井筒长度

根据产能模拟结果，分支水平井产量随井筒长度增加而增加。当水平段长度较短时，产量增加幅度较大；当分支水平段长度增长到一定程度，产量增加幅度并没有明显的变化，即并不是分支水平井长度越长越好，具体的合理长度需要优化。

（三）水平分支数

水平井筒长度一定时，增加水平井井筒数，可以提高产量。当水平分支数较少时，产量随分支数增加而大幅度增加；当井筒数增加到一定程度，产量的增加幅度逐渐减小。另外，随着分支数的大幅度增加，钻井成本必然大幅度增加。由此可见，并不是井筒数越多越好，井筒数也存在一个经济合理值。

（四）煤层的非均质性

煤层的非均质性因素包括煤层渗透率、深度、厚度、含气量及饱和度的区域性差异。煤层的各向异性对煤层气井的产能有一定影响，并且当井筒数减少时，煤层非均质性的影响会更大。另外，煤层中的泥岩夹层和断层是钻多分支水平井的最大障碍。

（五）水平段位置

水平段在煤层中的位置对水平井产能有一定的影响，并且井筒数较少时，水平段位置对产能影响会更大。

（六）面割理方向对产能的影响

裂缝方向对水平油井产能的影响主要取决于裂缝与水平井方向。对于面割理和端割理不明显的煤层，水平段的走向对水平井的开采效果和产能影响不大；但对于面割理渗透率远高于端割理的煤层来说，沿着高渗方向钻水平井是非常不利的，其结果导致水平井对面割理的钻遇率降低和井眼波及面积小，既不利于水平井产能的发挥，也降低了采收率。相反，沿低渗方向钻水平井，有利于水平井最大限度地贯穿面割理、沟通更多的渗透率较高的面割理，这就大大提高了水平井的波及程度和采收率。因此，单一水平井眼应垂直于面割理方向。

多分支水平井技术特别适合于开采低渗透储层的煤层气，与采用射孔完井和水力压裂增产的常规直井相比，具有不可替代的优越性。

多分支水平井技术的优点主要有：

（1）增加有效供给范围。水平钻进 400 ~ 600m 是比较容易的，然而要压裂这么长的裂缝几乎是不可能的，而且造就一条较长的支撑裂缝要求使用大型的压裂设备。多分支水平井在煤层中呈网状分布，将煤层分割成很多连续的狭长条带，从而大大增加煤层气的供给范围。

（2）提高了导流能力。压裂的裂缝无论长度多长，流动的阻力都是相当大的，而水平井内流体的流动阻力相对于割理系统要小得多。分支井眼与煤层割理的相互交错，煤层割理与裂隙更畅通，就提高了裂隙的导流能力。

（3）减少了对煤层的损害。常规直井钻井完钻后要固井，完井后还要进行水力压裂改造，每个环节都会对煤层造成不同程度的损害，而且煤层损害很难恢复。采用多分支水平井钻井完井方法，就避免了固井和水力压裂作业。这样，只要在钻井时设法降低钻井液对煤层的损害，就能满足工程要求。

（4）单井产量高，经济效益好。采用多分支水平井开发煤层气，单井成本比直井高，但在一个相对较大的区块开发，可大大减少钻井数量，降低钻井工程、采气工程及地面集输与处理的费用，从而降低综合成本。而且产量是常规直井的 2 ~ 10 倍，采出程度比常规直井平均高出近 2 倍，即提高了经济效益，最为重要的是更充分地开发了煤层气资源。

（5）具有广阔的应用前景。多分支水平井不仅可用于开发煤层气资源，还能应用于开发稠油或低渗透油藏、地下水资源。另外，其还可以用于地下储油、储气工程。

04

矿井地质构造及地质
异常体

第一节　地质构造对矿井生产的影响

一、矿井地质构造的复杂程度分类

地质构造的复杂程度是评价矿井生产地质条件的首要因素。矿井地质构造复杂程度分为：一类——地质构造不影响采区的合理划分；二类——地质构造对采区的合理划分有一定影响；三类——地质构造影响采区的合理划分，只能划分出部分正规采区；四类——由于地质构造复杂，很难划分出正规采区。

评价矿井地质条件，原则上以断层、褶皱和岩浆侵入 3 个因素中复杂程度最高的一项为准。

二、矿井地质构造对煤矿生产的影响

矿井地质构造按其规模大小和对生产的影响程度不同，分为大、中、小型 3 个等级。

大型构造是指决定煤产地总体构造轮廓的大型褶曲和断层，在勘探阶段已经查明；中型构造指井田范围内影响采区划分和采区巷道布置的次一级褶曲和断层；小型构造指那些在巷道设计前未发现，而在施工或工作面回采过程中遇到的隐伏小褶曲和小断层。地质构造的等级不同，对煤矿生产设计的影响程度也不同。

（一）影响井田划分

大型地质构造影响井田的划分。大型地质构造还影响井型规模。当构造简单、煤层稳定时，可以建设现代化大型矿井；当井田内大、中型地质构造发育时，受地质条件限制，不能建设大型矿井。

（二）影响开拓部署和采煤方法的选择

井田内部的褶皱和断层是主要巷道布置、采区划分时必须考虑的地质条件。例如，红岩煤矿把丛林沟向斜轴作为采区中心，南桐矿把乌龟山背斜轴作为采区边界。

地质构造对工作面的布置以及采煤方法的选择也有直接影响。当构造简单且煤层稳定时，可以布置大采长、大走向的高产高效工作面，甚至可以做到"一井两面""一井一面"，采用综合机械化采煤工艺；而构造破坏严重的矿井，采区划分十分凌乱，难以布置正规的工作面，影响机械化采煤方法的应用。

（三）影响正常的采掘工作

井田内小型构造发育时，对正常的掘进、回采工作有重大影响。例如：为寻找断失煤层，往往要多掘巷道，甚至造成无效进尺。小型褶皱发育地段，导致煤层厚度变化；当薄至不可采时，需要重掘开切眼。构造的存在使工作面长度经常变化，给劳动组织和正规循环带来一定影响。构造作用还造成煤层顶板破碎，使顶板控制难度增高。构造对高产高效工作面的影响更为明显。当构造作用导致煤层厚度变薄时，在工作面推进过程中就需要挑顶或挖底；在综采面内若出现3m左右的未知断层，就有可能迫使采煤工作面搬家。

（四）影响安全生产

地质构造发育地带是各种事故发生的隐患地区。断层是矿井充水水源的通道之一，易导致矿井涌水，引起水害事故；构造的某些部位是瓦斯聚积的场所，易引起矿井瓦斯突出；断层破坏了煤层顶板的完整性，使顶板岩石冒落的可能性增大。

（五）影响煤炭储量

地质构造破坏煤层的开采价值，减少煤炭储量，缩短工作面、采区、矿井的服务年限。另一方面，地质构造对煤炭开采也会产生有利的影响。例如：褶皱的隆起部位或断层的上升盘可以把深处的煤层抬高，从而增加浅部可采煤层的储量，优化了开采条件；张性断层能使瓦斯逸出，减少了瓦斯突出的危险性；在自然发火的煤层中，利用断层分隔火区，可防止煤层燃烧的蔓延。

三、研究矿井地质构造的主要任务

（1）对钻孔、井巷和回采工作面新揭露的地质构造进行全面观测描述，并根据原始资料绘制有关图件。

（2）查明地质构造的类型、性质和规模，测量井下构造的产状要素。例如，对褶曲，要判断褶曲轴的位置、延伸方向、起伏变化；对断层，要查明其性质、断距、延伸方向及长度。

（3）探索井田内构造的组合特征和展布规律，以及其对煤层赋存状态、煤层厚度变化、岩浆侵入、充水条件、瓦斯赋存等的控制影响，对待采掘地段的地质构造提出预测意见。

第二节　单斜岩层产状要素的测量

地下岩（煤）层大多发生了倾斜。倾斜的岩（煤）层或是褶皱的一翼，或是断层的一盘。井下测量岩（煤）层产状是地质人员的一项基本技能。

一、在揭露了岩（煤）层的巷道内测产状

若巷道两帮能剥露出层面，且层面出露清晰，可以用地质罗盘直接实测其走向、倾向、倾角。测量时要注意产状的代表性，不要将裂隙面或斜层理面误认为层面。

二、层面出露在巷道顶部时测产状

若巷道顶部有层面出露，可用下述方法测量岩（煤）层产状。

（1）测走向。先将罗盘倾斜仪指针置于倾斜角刻度盘"0"处，使罗盘的长边紧贴巷道顶部岩层层面。转动罗盘，长水泡居中时，长边与巷顶层面的交线即

为走向线（若用半圆仪，当吊锤指向 90° 的位置时，半圆仪直边与层面的交线即走向线）。在层面上绘出岩层走向线。把矿灯射向巷道顶部层面上所绘的走向线，在保持罗盘水平的条件下，徐徐移动罗盘，使罗盘玻璃镜中的长线与走向线在镜中影线重合，这时记录磁针的读数即为岩层走向的方位角。

（2）测倾向。在岩层层面上，垂直走向线向下画出倾斜线，测量倾斜线的方向即倾向。

（3）测倾角。将罗盘的长边与层面上的倾向线重合便可测出倾角。测倾角，可用地质罗盘，也可用半圆仪。

该方法常用于顺层煤巷中顶板产状的测量。

第三节　褶皱的观测与描述

大型褶曲在地质勘查阶段及建井阶段已经查明，生产矿井关注的是中小型褶曲。

一、褶曲的井下识别

井下可根据煤（岩）层产状的变化和地层层序的重复特点来判断褶皱的存在。

（一）岩层产状的变化

在井下地质调查中，如果发现岩层倾向呈现相向或相背倾斜时，表明有褶皱构造存在。倾向相背时为背斜，倾向相向时为向斜。

在同一煤（岩）层中掘进的水平巷道发生转弯，在平面上呈"U"字形或"V"字形，表明存在倾伏褶曲。

（二）地层层序对称重复

在穿层巷道内，如果发现地层层序对称重复，表明存在褶皱构造，并可根据褶皱核部和两翼地层的相对新老关系，判断褶曲类型。老地层两侧对称出现新的地层，为背斜；新地层两侧对称出现老地层，为向斜。小型褶皱在近距离内即可表现出岩、煤层产状的变化及岩层层序的对称重复出现。

二、褶曲的观测与描述

对巷道中揭露的小型褶皱，无论其出现在岩层中还是煤层中，都应尽可能详尽地进行观测记录。观测内容主要包括：（1）褶皱枢纽的位置、倾伏方向和倾伏角；（2）褶皱两翼煤、岩层和褶皱轴面的产状要素；（3）褶皱与煤厚变化、顶板破碎等的关系。

（一）测量褶曲两翼煤（岩）层产状

褶曲两翼煤（岩）层产状是认识褶皱形态、推测褶皱枢纽方向必不可少的基础资料，在巷道中应大量实测有代表性的褶曲两翼煤（岩）层的产状。

（二）测量褶曲枢纽的产状

枢纽是褶曲的任一岩层层面上各最大弯曲点的连线，它表示褶曲在空间的延伸方向。

1. 巷道实测褶曲枢纽

（1）直接测量

在揭露褶曲枢纽点的巷道内，可直接测量褶皱枢纽的位置、标高、倾伏方向和倾伏角。

（2）平面投绘

平面投绘是指将实测数据投绘到巷道两壁展开图上，求得褶曲枢纽各要素。

2. 综合分析确定褶曲枢纽

对于巷道内不能揭露全貌的较大的宽缓褶曲，在观测点测量两翼岩层产状，准确鉴定煤、岩层层位及其顶、底面顺序，将资料绘制到褶曲横剖面图和沿枢纽方向的纵剖面图以及平面图上，通过综合分析确定枢纽位置、标高、倾伏方向及倾伏角。

（三）确定褶曲轴面产状

平分褶曲两翼的假想界面叫轴面，可看作每一岩煤层层面上的枢纽所连成的面。褶曲轴面与褶曲横剖面的交线的倾向、倾角，即为褶曲轴面在该处的倾向、倾角。编制若干个褶曲横剖面图，可以反映褶曲轴面的空间产出状态及其变化情况。

（四）褶皱与煤厚变化、顶板破碎等的关系

在能够观测到煤层及顶底板的巷道中，要观察褶曲不同部位煤层厚度和结构的变化，煤层和顶、底板中的滑动面，派生断层与节理的发育情况等，为了解褶曲与断层的关系、评价煤层顶板稳定性、研究煤厚变化规律积累资料。

三、褶皱枢纽位置的推测

在褶曲发育的地区，为了合理布置采区、采面，需要确定褶曲枢纽的位置。生产中可用多种方法推测褶曲枢纽。

（一）根据已采区或邻近开采地质资料推测

如果上部煤层开采过程中揭露了褶曲，可根据所获资料，通过上下对照的方法，推测下部煤层中该褶曲枢纽的位置。对于直立褶曲，上下煤层褶曲枢纽的位置在平面上是重合的，把上部煤层的褶曲枢纽直接描绘在下部煤层平面图上即可；对于两翼不对称的倾斜褶曲，上下煤层的褶曲枢纽在平面上的投影位置偏离，必须根据轴面的倾向和倾角以及上下两煤层的间距，通过作图计算确定下部煤层的褶曲枢纽位置与上部煤层枢纽位置偏离的方向和距离。

如果属于不协调褶曲，褶曲枢纽在上下煤层中的形态往往有很大差别，则应在充分掌握本地区褶曲变化规律的基础上慎重推测。

（二）根据区域构造线方向推测

在构造规律明显的地区，根据区域构造线方向，通过类比的方法，推断个别

褶曲枢纽的延展方向。用这种方法推测枢纽位置准确性较差，但在地质资料较少的新开拓区进行补充勘探设计或划分采区时，有一定的参考价值。

第四节　断层的观测与描述

断层是影响矿井设计生产最主要的地质因素，也是评定矿井地质条件复杂程度的首要因素。断层破坏了煤层的完整性和连续性，使开采条件复杂化，严重时还可能引起突水、煤（岩）与瓦斯突出以及垮塌冒顶等事故，给采掘生产带来很大影响，因而是矿井地质工作的重点。

一、断层存在的标志及其出现的预兆

（一）断层存在的标志

1. 岩（煤）层或构造线不连续

断层常导致岩（煤）层、岩墙、岩脉、褶曲枢纽或其他构造线的正常延续突然中断，造成构造上的不连续。煤层巷道掘进过程中掘进头遇到半煤岩或岩层，是遇到了断层。然而，在多煤层矿井，若迎头遇到另一煤层，往往误以为是本煤层而发生"串层"现象。因此，还要注意观察煤质特征和煤层顶、底板岩性，才能正确判断煤层中断现象，确定断层的存在。

2. 岩（煤）层重复或缺失

倾斜岩层中的走向或近走向断层，可造成岩层的重复或缺失。至于重复还是缺失，取决于断层两盘相对位移方向和断层面产状与岩层产状之间的关系。在与岩、煤层走向垂直或近于垂直的巷道中掘进时，可见到地层重复或缺失的现象。

3. 断层破碎带标志

断层在错动过程中，将断层面附近或断层带中的岩石破碎成大小不等的角砾，这些角砾被后期物质胶结，成为角砾岩；若断层两侧有煤层或泥岩，则断层面上常有磨得极细的泥质物或煤，称为断层泥或煤线。煤线对断层两盘的相对位移方向具有导向作用，又称作导脉。

4.断层面标志

在断层两盘错动过程中，断层面上常留下一些错动痕迹，如擦痕、阶步、摩擦镜面和矿物薄膜等。

（1）擦痕。断层面上出现的细密的、平行排列的条纹状线沟叫擦痕；将其放大可以看出一端宽而深，另一端尖而细以至消失。有些擦痕比较粗、深，肉眼即可观察到。擦痕是在上、下盘相对错动时，其间所夹的坚硬的岩石或矿物颗粒在断层面上摩擦刻画的结果。擦痕变细、消失的方向指示对盘移动的方向。

（2）阶步。断层面上与擦痕垂直的小陡坎，叫阶步。下阶的方向指示对盘移动的方向。

（3）摩擦镜面。在脆硬岩石中，断层面被强烈挤压摩擦而成的光滑面，光亮似镜，称作摩擦镜面。其表面常形成一层硅质、铁质、炭质或碳酸盐质的薄膜；用手抚摸，可感觉到向一个方向光滑，而向相反的方向粗糙。

5.派生和伴生小构造

（1）牵引褶曲。断层两盘沿断层面相对错动时，拖动附近岩层，使靠近断层面的煤层和软岩层发生弯曲，形成弧形弯曲，叫牵引褶曲。牵引褶曲变薄的尾端指示对盘相对位移的方向。

（2）派生节理。断层错动时产生的局部应力超过岩石的强度极限时，产生羽状节理，包括张节理和剪节理。张节理与断层所夹锐角指示本盘移动的方向；剪节理与断层所夹锐角指示对盘移动的方向。

（二）井下出现断层的前兆

由于断层的存在使煤岩层的完整性遭到破坏，因此井下巷道接近断层前常出现一些异常现象，可作为揭露断层的预兆。

（1）接近断层前，煤层及其顶底板岩石中裂隙组数增多、密度增大。

（2）伴生小断层密集出现，且小断层的性质与前方大断层性质相同。

（3）岩（煤）层产状突变。断层附近的岩（煤）层产状，由于受断层两盘相对运动影响而发生变化。

（4）煤层顶底板出现不平行、煤层厚度发生变化。接近断层前，煤层经常出现增厚、变薄，并造成顶底板不平行现象。

（5）煤层结构遭到破坏，滑面增多；强烈时会导致煤层揉皱、搓碎，呈角砾状、粉末状、糜棱状或鳞片状，光泽变暗。

（6）瓦斯矿井，瓦斯涌出量明显增加。

（7）充水性强的矿井，巷道接近断层前，常出现滴水、淋水甚至涌水现象。

（8）有些断层是岩浆侵入的有利部位，岩浆可能沿断层带侵入煤系中，因此巷道中火成岩侵入体的出现也是断层出现的征兆。

井下揭露断层前的征兆有多种，但出现征兆未必遇断层，不出现征兆未必前方没有断层。另一方面，若有征兆出现，可能同时出现多种现象，也可能只出现一两种。生产中要在掌握本矿井构造规律的基础上，仔细观察井下各种现象，综合分析，尽可能准确地预见掘进前方的断层。

二、断层的观测与描述

（一）观测记录内容

对于井下揭露的断层，主要观测记录以下内容：

（1）断层面的形态、产状要素，断层擦痕和阶步特征。

（2）断层带中断裂构造岩的成分和分布特征，断层带的宽度和充填、胶结情况。

（3）断层两盘煤、岩层的产状要素，煤、岩层的层位和岩性特征、断层旁侧的伴生和派生小构造。

（4）断层间的相互切割关系，断层、褶皱的组合特征。

（5）断层与煤厚变化的关系等。

（二）断层的测量

1. 确定断层位置

井下巷道或采面揭露断层时，首先要确定断层的空间位置。常通过测量断层至附近测点或巷道交叉口的距离和方向来确定井下断层的位置。如果断层成组出现，则应分别测定各断层面的位置，并确定主断层面。

2. 测量断层面产状要素

巷道中暴露比较好的断层，可用罗盘直接在断层面上测量，方法与测量单斜岩层的产状相同。断层面往往不十分规整，产状在不同部位常有变化；在测定产状时，要特别注意它的代表性。

断层面不很平直或暴露不好时，可从巷道两帮断层面的同一标高点拉皮尺或线绳，用罗盘测量皮尺或线绳的方向，即为断层的走向。

如果断层出露于水平巷道的巷顶或巷底，其迹线（断层面与巷道顶或底的交线）则是断层的走向线，其方向即是断层走向。

3. 确定断距

断距是断层两盘相对错开的距离。断距与断层的延伸长度及切割深度共同表示断层规模的大小。在生产中常用地层断距和落差来表示断层的大小。

（1）地层断距

①地层断距定义。在垂直于煤、岩层走向的剖面内，上、下盘中同一地层界线的垂直距离叫作地层断距。其铅直距离叫铅直地层断距；其水平距离叫水平地层断距。

②实测地层断距。落差小于巷高的断层，可在巷道两壁实测各种断距。落差大于巷高的断层，当垂直岩煤层走向的水平巷道穿过断层时，若上、下盘遇到同一岩层的层面，它们之间的距离就是水平地层断距；当铅直钻孔或竖直巷道穿过断层时，两次遇到同一岩层层面的孔深差，就是铅直地层断距。

③对比两盘岩性确定地层断距。地层断距的数值等于断层两盘之间重复或缺失的那一段地层的厚度。

在工作中，只要掌握了一个地区的正常地层层序，以及各岩、煤层的厚度，在观测点上判明上下盘地层的层位，即可确定该观测点上的地层断距。

（2）落差与平错

在垂直或斜交于断层走向的剖面内，断层上、下盘同一地质界线与断层线各有一个交点，两点的高程差叫作落差，两点间的水平距离叫平错，两点沿断层面的距离称为斜断距。

编制各种地质图件（如地质剖面图、煤层底板等高线图）时，常用落差来控制断层的大小。

需要注意，同一条断层的落差，在不同部位会有变化；在不同方向的剖面上落差也不同，有时相差很多。此外，对"落差"这一概念的使用较为混乱，也有人有时把地层断距或铅直地层断距当作落差，工作中应做到心中有数。

4. 测量断煤交线

断层面与煤层层面（一般取底面）的交线称作断煤交线。上盘煤层层面与断层面的交线叫作上盘断煤交线，下盘煤层层面与断层面的交线叫作下盘断煤交线。一般情况下，断煤交线与断层的走向线是不一致的。井下实测断煤交线常用罗盘实测和控制距离测量。

（三）断层的观察

1. 断层面特征

断层面形态有规整平坦的，有呈舒缓波状的，也有呈弧形曲面的；有粗糙的，也有平滑的；有较紧闭的，也有开启程度很好的。井下要仔细观察并记录上述特征。

断层面上常有擦痕、阶步、摩擦镜面、矿物薄膜等，要观察这些特征的有无、多少、形态及其所反映的断层两盘相对位移方向。

2. 断层带特征

有些断层，两断块的相对位移错动不是沿着断层面，而是沿着一个宽窄不等的破碎带进行的，破碎带中常常充填经过挤压、揉皱、搓碎的大小不等、成分与两侧岩石有关的碎屑或碎块；有些则是由一系列平行的、密集的小错动面构成。要注意观察：断层带的宽度；断裂构造岩的成分、颗粒大小、排列情况和胶结情况、分布特征；有无构造透镜体、片理化现象。根据需要采取标本，对断裂构造岩进行岩组分析。

3. 断层两盘岩（煤）层、派生伴生构造

要观察：断层两盘岩（煤）层的层位、岩性特征，测量产状，煤层厚度及其变化；断层旁侧有无伴生和派生小构造，如派生羽状裂隙的方向，裂隙面形态、开启程度、宽度、密集程度，有无充填及充填成分；断层两侧岩（煤）层有无牵引现象，有无伴生小断层，小断层性质、落差、密集程度等。这些都是确定断层类型、鉴别断层力学性质、寻找断失煤层的可靠依据。

4. 断层与断层、断层与褶皱的关系

要观察断层之间的相互切割关系、断层与褶皱的组合特征等。

（四）断层观测原始资料的记录与整理

井下对断层的观测内容记录在专门的记录簿上。对断层的描述记录，多用素描图配以必要的数字和文字描述。常用的形式有巷道平面图加注数字、巷道剖面图加注数字、巷道平面图加小断面图、巷道平面图加巷道剖面图等。井下构造观测点观测的内容，要填绘到地质构造素描卡片上。地质构造素描卡片是矿井地质工作必备的成果卡片，要求内容齐全、数字准确、字迹清楚、保存完整。

三、寻找断失翼煤层的方法

在井下掘进巷道中遇到断层时，主要任务是：判明断层性质、查明其规模，确定断失翼煤层的位置，指出继续掘进的方向和距离。

（一）煤（岩）层层位对比法

层位对比法是在掌握了井田内各煤层的特征、顶底板岩性特征、标志层、各岩（煤）层厚度，以及岩石中化石特征的基础上，对断层两侧的岩、煤层进行比较，确定煤层断失方向和断距的方法。例如，井陉三矿沿煤层掘进巷道时遇到断层，掘进头与厚度为 0.5m 的白色细砂岩标志层接触。该白色细砂岩在正常地层层序中位于煤层上方，其底面与煤层顶面之间的岩层厚度为 12m。据此推断另一盘的煤层移动至下方，地层断距为 12.9m。

（二）派生现象推断法

牵引褶曲、羽状裂隙、擦痕、阶步、断层泥等是判断断层两盘的相对位移方向的可靠线索。例如：牵引褶曲弧形突起方向，指示本盘相对移动方向；变薄的尾端指示对盘相对位移的方向。羽状张裂隙与断层相交的锐角尖端，指示本盘的相对位移方向；剪节理与断层面所成锐角尖端，则指向对盘移动方向。断层面上的擦痕变细消失的方向以及断层阶步下阶的方向，指示对盘相对位移的方向。此外，还可以循着断层泥的分布追寻断失煤层的去向。

（三）平行小断层推断法

伴生小断裂的性质往往与主断层一致，可据此推断主断层的性质及煤层断失方向。

（四）规律类推法

随着矿井地质资料的积累，对本井田出现的断层总结出某些规律性认识，有助于寻找断失煤层。例如，河北省峰峰矿区，绝大部分断层为正断层，只有NE30方向出现过倾角较缓的逆断层。据此规律，只要查明断层面倾向，即可指出断失煤层的寻找方向。

（五）作图分析法

当井下遇到无法直接判断的断层时，可把新揭露的断层点填绘在地质图上，并将其与图上已查明的断层进行比较。如果新揭露的断层与已查明的某断层产状基本一致，并在平面或剖面上也能自然连接，那么新揭露的断层有可能就是已查明断层的延伸部分，根据已有资料就可确定新揭露的断层的性质和大致的落差，从而找到断失煤层（详见第五章）。

四、断层的探测

当断层的性质或落差无法推定时，可根据需要布置井下勘探。

（一）巷探

当断层性质已经确定，但落差和煤层的可采性尚不清楚，而生产上又需要开掘过断层的巷道时，一般采用巷探。

（1）水平巷道遇断层寻找断失煤层

煤层中掘进的水平巷道遇倾向断层或斜交断层，采用巷道转弯的方法寻找断失煤层。巷道转弯的方向可用以下方法判断：

①根据断层性质（正、逆）和断层、煤层倾向判断。依此方法可判断对盘煤层移动的方向，从而确定巷道转弯方向。

②根据对盘岩层的层位判断。煤层中掘进的水平巷道遇断层后，观察与煤层对接的对盘岩层的岩性，判断其在正常地层层序中的位置。如果该岩层是煤层上部的岩层，巷道要向底板方向转弯；反之，向顶板方向转弯。

（2）倾斜巷道遇断层寻找断失煤层

煤层中掘进的倾斜巷道遇断层，一般采用改变巷道坡度的方法寻找断失煤层。当煤层倾角较大时，可用石门过断层找煤；当煤层倾角较小时可用斜巷过断层找煤。

（二）钻探

当断层性质和断距都无法确定，需要查明后才能确定巷道掘进方向时，比较迅速、可靠的方法是布置井下钻探。利用钻探寻找断失煤层，钻孔布置的方向要尽可能垂直于岩层走向，可布置单孔，也可布置扇形群孔。

五、断层的预测

为设计生产部门提供待采地区地质构造情况，是矿井地质工作的任务之一。在工作中，常根据已揭露的或验证的地质资料，通过作图分析，推测已知构造的延展情况，预测未采区的构造展布特点及可能遇到的断层。

（一）用剖面图推断深部断层

在多煤层矿井中，将上部水平或上一煤层的巷道中所见的断层资料填绘到剖面图上，然后进行延伸，用来预见下一水平或下一煤层未掘巷道中可能出现断层的位置。

（二）用煤层底板等高线图推断不同水平、不同煤层的断层

利用煤层底板等高线图可以推测同一煤层不同水平的断层延展情况。

1. 煤层底板等高线图的基本内容

煤层底板等高线图是表现煤层底面空间形态特征的一种地质图件，反映出煤层产状变化和构造变化。煤层底板等高线图在煤矿生产中的应用十分广泛，它是煤矿井巷布置、编制生产计划、安排采掘生产的重要依据，是分析地质构造规律、布置生产勘探、进行储量计算的基础图件。同时，编制煤层顶板岩性分布图、瓦斯地质图等分析图件，均以其为底图进行编制。

（1）煤层底板等高线图的主要内容

①标题栏、坐标网及图例。其内容包括：图名、图例、比例尺、编制单位及编制时间；经纬坐标线方格网、坐标值和指北方向线。煤层底板等高线图的比例尺是根据生产需要和地质条件的不同来选择的。反映整个井田情况和用于开拓布置的煤层底板等高线图，一般采用1：5000或1：2000；反映一个采区或采面的，一般用1：2000或1：1000，也有的采用1：500的图纸。

②主要地物。其包括：地面河流、湖泊、水库等地表水体，铁路、公路等主要交通线路，与井田开发有关的或需要留设保护煤柱的重要建筑物、构筑物。

③井田范围内的各种边界线。其包括：井田边界线、煤层露头线、煤层风氧化带边界线、煤层尖灭边界线，井田内现有的生产井、小窑、采空区范围等。

④穿过该煤层的全部勘查工程。其包括：勘探线及其编号，钻孔、探槽、探井等工程点的编号及标高，并用各工程点见煤小柱状表示出煤层结构、厚度、煤层底板标高。

⑤地质构造特征。其包括：煤层的产状要素（走向、倾向、倾角），褶曲轴线，断层上、下盘断煤交线，岩浆侵入体范围线，陷落柱位置及其范围线。

⑥煤层底板等高线。其包括不同标高的煤层底板等高线和高程值、储量计算块段及编号等。煤层底板等高线图的等高距大小决定于图纸的比例尺和煤层底板的倾角等因素。图纸比例尺越大，煤层越平缓，则等高距越小。

（2）地质构造在煤层底板等高线图上的表现

①单斜构造。单斜构造在煤层底板等高线图上一般反映为一组直线。当煤层走向与倾角稳定时，等高线大致平行且均匀；如果倾角发生变化，则等高线疏密不均，且煤层倾角越大等高线越密；如果走向发生变化，则等高线就会变为曲线；当岩层产状发生倒转时，煤层底板等高线表现为不同标高的等高线的交叉。煤层底板等高线之间的间距还与图纸的比例尺及等高线等高距的大小有关。

②褶皱构造。其一，水平褶曲的煤层底板等高线特征。水平褶曲在煤层底板等高线图上为一组大致平行的直线。若一组等高线，其中间标高值大，向两侧标高值小，为水平背斜；反之，则为水平向斜。其二，倾伏褶曲的煤层底板等高线特征。倾伏褶曲的煤层底板等高线表现为一组不封闭的连续的曲线，各等高线转折端的连线即为褶曲轴线。在这一组等高线中，当转折端指向标高值增大的方向时，为倾伏向斜；当转折端指向标高值减小的方向时，为倾伏背斜。当倾伏向斜

和倾伏背斜相连出现时，其煤层底板等高线为"之"字形、"S"形。其三，穹隆和构造盆地的煤层底板等高线图。穹隆的煤层底板等高线为一组封闭的曲线，其等高线的高程值为从四周向中间逐渐增大；构造盆地同样为一组封闭的等高线，其高程则由四周向中间逐渐减小。

③断层构造。断层构造的存在使岩层出现了不连续现象，即把岩层切分为上盘和下盘。在矿井地质中，常常把煤层层面和断层面的交线称为断煤交线。其中，上盘煤层层面和断层面的交线称为上盘交面线；下盘煤层层面和断层面的交线称为下盘交面线。断层构造在煤层底板等高线上有如下特征：其一，当断层倾角大于煤层倾角时，断层使煤层底板等高线出现不连续现象，正断层表现为煤层底板等高线中断、缺失，在上盘和下盘交面线之间的部分为无煤区；逆断层使煤层底板等高线重叠，即在上盘和下盘交面线之间的部分为煤层重叠区。其二，当断层倾角小于煤层倾角时断层仍然使煤层底板等高线产生不连续现象，但正断层表现为煤层底板等高线在上盘和下盘交面线之间的部分重叠，而逆断层表现为煤层底板等高线在上盘和下盘交面线之间的部分缺失。

2. 煤层底板等高线图的编制方法

煤层等高线图是分煤层编制的。一般矿井是编制煤层底板的等高线图。但在沿煤层顶板掘进的中厚煤层和厚煤层的矿井，为了便于分析构造，则编制煤层顶板等高线图。若煤层厚度变化大、顶底板不协调、产状又不稳定的厚煤层地区，也可同时编制煤层顶板等高线图和底板等高线图。

（1）根据实测资料绘制煤层底板等高线图

生产矿井编制煤层底板等高线图，是以分煤层采掘工程平面图为底图编制的。其具体编制的方法与步骤如下。

①实际资料的整理、填绘。编制煤层底板等高线图，首先要把编图资料进行整理，把各种实际资料填绘在采掘工程平面底图上。其一，钻孔资料的投绘。首先将穿过该煤层的所有地面钻孔，经过孔斜校正以后，按坐标投绘在底图上，并且在钻孔附近注明孔号、孔口标高、煤厚和煤层底板标高。对于井下钻孔也应准确地填绘在底图上。填绘的方法，一种是根据简单的三角关系用计算的办法求出井下斜孔见煤层底板点的位置和标高。另一种是作图法。首先根据钻孔的位置、方向、倾斜角和见煤深度绘制沿钻孔方向的辅助剖面图。从图上求出煤层的底板标高，然后按钻孔的方位再投到平面图上。其二，煤层底板高程的换算和填绘。

井下巷道是根据一系列测量点来控制的，每个测点都测有高程。这些高程一般是巷顶的标高（也有的是巷底的），并非煤层底板标高，所以必须根据绘图需要换算成煤层底板高程点。对于褶曲轴、煤层产状变化部位和断层两盘更需要有足够数量的煤层底板高程点。换算的方法，一般是在巷道实测剖面图上，利用巷道中各测点的标高和巷道穿过煤层的部位来推算。其三，井下实测构造的填绘。实测的断层和褶曲轴的位置也要填到图上。断层一般不能直接按走向方位填，应按断煤交线的方向填图。其四，煤厚资料的填绘。除钻孔见煤厚度需填写在钻孔附近外，巷道中实测煤厚点，也应选择有代表性的填写在实测部位。填写煤厚资料时，可用小柱状或数字表示。

②煤层底板等高线的绘制。填绘好实际资料之后，常常应用内插法绘制煤层底板等高线。此方法在生产矿井中使用较多，具体作图方法如下：其一，分析煤层标高点的分布特点。在已填绘实际资料的底图上，分析煤层各标高点在平面图上的分布特点并找出最大值和最小值，结合巷道分布情况，分析层面变化趋势，粗略地判断出编图范围内的构造轮廓，标出褶曲轴、枢纽、脊线、槽线的大致方向及位置；在绘图区中，如有断层，应先绘出断层交面线。其二，连三角网。先根据标高点分布情况判断构造形态，然后将同一构造单元上相邻点相连，就形成许多三角网。煤层形态在大面积内虽然是曲面，但每个小三角网则可近似地作为平面看待。连线时要尽量垂直煤层走向，即在距离短、高差较大的方向上连线，避免将褶曲不同翼上的点相连，或断层不同盘上的点相连，以免歪曲构造形态、失去煤层构造形态的真实性。其三，用内插法求等高点。根据煤层底板等高线图的比例尺，按所需要的等高线距，在三角网各边上用内插法找出相应的高程点。其四，绘等高线。以平滑的曲线连接相同高程点，连接时应从最高（或最低）线开始向外依次连接完成，即为煤层底板等高线图。其五，检查核对、修饰清绘。上述工作完成后，要从原始资料着手对所编的图纸进行全面审核；如果发现问题，要及时修改。要除去图面上一些不必要的数字、符号及作图时画的辅助线，在等高线的一定位置上标明其高程值。

（2）利用剖面图绘制煤层底板等高线图

生产矿井常用矿井地质剖面图及巷道实测剖面图编制煤层底板等高线图。其作图方法如下：

①绘剖面线、注编号。在采掘工程平面图上按坐标绘出剖面线，并注明其

编号。

②绘地质剖面图。根据实际资料修改或重新编制矿井地质剖面图。对于被剖面线切过的钻孔、主要巷道位置、巷顶标高以及巷道在煤系中所处的层位，剖面中构造线的位置等均应进一步校核。

③将煤层底板高程点和断煤交点投影到剖面中。把剖面图上煤层底板与高程网中不同高程线的交点和断煤交点依次垂直投影到剖面中同一水平线上。

④将煤层底板高程点和断煤交点转绘到平面图的相应位置上。为了避免误差，在转绘上述各点时，应利用平、剖面图中对应的经纬线与剖面线的交点作为起点，并度量累计距离。实测剖面资料皆应用上述方法进行转绘。

⑤连接断煤交线和煤层等高线。把同一断层、同一盘的断煤交点进行连接，同一盘煤层底板的相同高程点用平滑曲线连接，便是煤层底板等高线图。

（3）用水平切面图编制煤层底板等高线图

当各开采水平的资料较多时，可用开采水平切面图来编制煤层底板等高线图。编制的方法是将各个水平切面图上该煤层的底板等高线，根据经纬线的控制，一一抄绘到采掘工程平面图上，从而绘出各开采水平的煤层底板等高线图。在这几条等高线的控制下，再根据实际资料在其间加绘其他地层界线和构造线。

需要指出，利用作图法预测已知断层的延展情况，是把断层面视作平面，只适用于产状稳定且推延距离不太大的断层。在实际情况中，地质构造的变化是很复杂的，要综合考虑多种因素的影响。例如，断层的断距和延伸长度，能否向深部延伸；大型层间滑动面上下的构造，一般不应上下推延；在推延断煤交线时，需要考虑断层面和煤层产状的变化对它的影响。

第五节　火成岩侵入体的观测与描述

岩浆侵入或接近煤层，使煤层遭到破坏、开采条件复杂化。侵入煤层中的岩浆，吞蚀全部或部分煤层，使矿井储量大大减少；岩浆的热量使周围煤层发生接触变质，灰分增高，挥发分降低，黏结性被破坏，影响煤的利用价值；侵入体将原本连续、完整的煤层分割成若干块段，给巷道掘进、工作面布置和回采工作增加难度，影响采煤机械的使用。火成岩侵入是矿井地质条件复杂程度分类的依据之一。

一、岩浆岩一般特征

（一）组成

矿物是组成岩石的基本单元。研究岩浆岩矿物成分可以了解岩石的化学成分、地球化学特征、形成条件、成岩后的变化，以及与矿产的关系等内容，也是岩浆岩分类命名的重要依据。

（1）对主要造岩矿物采用肉眼鉴定方法。主要造岩矿物常见有石英、碱性长石、斜长石、似长石、橄榄石、辉石、角闪石和黑云母等。

（2）岩浆岩中矿物分类及共生组合规律。根据矿物在岩浆岩中的含量可分为主要矿物、次要矿物和副矿物。根据矿物的化学成分则分为硅铝矿物、铁镁矿物。根据硅酸饱和程度可分为硅酸过饱和矿物、硅酸饱和矿物和硅酸不饱和矿物。一般情况下，硅酸过饱和矿物与硅酸不饱和矿物不能共生在一种岩石中，硅酸饱和矿物可以与上述两类矿物共生在一起。

由于造岩矿物的共生组合和各种矿物的相对含量不同，特别是浅色矿物和暗色矿物的相对含量不同，从而形成多种色调深浅不同的岩石。根据暗色矿物的含量将岩石进行分类：浅色岩，暗色矿物含量 <35%；中色岩，暗色矿物含量为 35% ~ 65%；暗色岩，暗色矿物含量为 65% ~ 90%；超镁铁质岩，暗色矿物含量 > 90%。

（二）岩浆岩的产状

影响岩浆岩体产状的主要因素如下：

（1）岩浆性质。其主要指岩浆成分的影响。在同一环境下，基性岩浆黏度小，喷出地表常形成岩流或岩被；酸性岩浆黏度大，在地表常冷凝成岩钟或岩针。

（2）构造运动。地壳经受地质构造变动，为岩浆活动打开通道与赋存空间，促使岩浆从深部上升。

（3）岩浆侵入的部位。岩浆侵入部位的深浅不同，散热速度就有差别，直接影响岩浆的温度、黏度和凝结时间，以至呈现出各种不同的岩体产状。

（4）入侵的围岩性质。岩浆侵入围岩，由于围岩物质组分、结构、构造及产状的不同，均可影响岩体的产出形状和分布方式。

（三）岩浆岩的分类

岩浆岩的分类方法多达 20 种，化学成分、矿物含量、结构构造等是岩石分类命名的主要依据。最通用的化学分类方法是：根据 SiO_2 含量，将岩石分为超基性岩类、基性岩类、中性岩类和酸性岩类，以及根据碱度指数将岩石分为钙碱性岩系列、碱性岩系列和过碱性岩系列。该方法适用于火山岩和侵入岩。最简单的矿物分类方法是按照岩石的色率以及石英的含量分为超镁铁岩、镁铁质岩、中性岩和长英质岩。该方法适用于侵入岩。

1. 岩浆岩命名原则

岩浆岩名称通常由"附加修饰词 + 基本名称"格式构成。

岩石的基本名称是岩石分类命名的基本单元，反应岩石的基本属性及在分类系统中的位置和特点，如花岗岩、闪长岩、辉长岩等。

附加修饰词可以是矿物名称（如黑云母花岗岩）、结构术语（如斑状花岗岩）、化学术语、成因术语（如深熔花岗岩）、构造术语（如造山期后花岗岩），或者使用者认为是有用的或合适的并能被普遍认可的其他术语。总之，要视研究地区的具体情况而定，以能区分不同岩石种属、有利于地质调查及找矿等为原则。附加修饰词使用的若干规定如下：

（1）附加修饰词必须与基本名称的定义无冲突。例如，黑云母花岗岩、斑状花岗岩和造山期后花岗岩等，必须在分类意义上仍属花岗岩。

（2）如果附加修饰词的词义不能一看就明了，那么使用者应注明其含义。

（3）如果岩石基本名称之前不止一个矿物修饰词，则按少前多后的顺序排列。例如，角闪石黑云母花岗岩，岩石中黑云母的含量应比角闪石多一些。

①主要矿物的不同种属，少数情况下可作为附加修饰词，如苏长辉长岩。

②次要矿物常用作区分岩石种属的附加修饰词。特殊矿物作为附加修饰词，其含量不限，一出现即可使用，如绿柱石花岗岩。

③副矿物需要时也可作为附加修饰词。

④所有矿物名称应与国际矿物协会所推荐的名称一致。

（4）当矿物名称前用"含"字时，并不总是有明确的含量概念，它们可有不同的含量值。

（5）含玻璃质的火山岩，当玻璃含量 <5% 时，不参加定名；玻璃含量 =5% ~ 20% 时，将"含玻"作为附加修饰词，如含玻安山岩；当玻璃含量 >20% ~ 50% 时，将"富玻"作为附加修饰词，如富玻流纹岩；当玻璃含量 >50% ~ 80% 时，将"玻质"作为附加修饰词，如玻质流纹岩。

（6）用前缀"微晶"来表征比通常颗粒要细的深成岩，而不再另取一个专门名称。例外的是辉绿岩（等于微晶辉长岩），它仍被沿用。但应避免用它来表示古生代或前寒武纪的玄武岩，或者任何地质时代的蚀变玄武岩。

（7）用前缀"变"来表示已变质的火成岩，如变安山岩、变玄武岩等。但只有在火成岩的结构仍保存和能恢复原岩时才能这样使用。

（8）对不能准确测定矿物含量，又没有化学分析数据的隐晶质火山岩，应采用火山岩野外分类法暂时命名。

（9）浅色岩、中色岩、暗色岩和超镁铁质岩的 M'（颜色指数）值范围：浅色岩为 0 ~ 35%，中色岩为 35% ~ 65%，暗色岩为 65% ~ 90%，超镁铁质岩 90% ~ 100%。

颜色只有在能反映矿物成分、成因和有特殊意义时，才可构成岩石的基本名称（如白岗岩）和前缀（如浅色辉长岩）。

（10）成分相同而结构构造不同的火成岩，应有其各自特定的名称。

（11）不适用废弃性术语。不要在特定地区以外的地方使用地方性术语。

（12）附加修饰词（或前缀）常用的只是一两种，一般不超过三种，因此要择优而用。其他特征均应放在文字中描述。

附加修饰词（或前缀）在岩石名称中排列顺序通常如下：蚀变作用—颜色—化学术语—成因术语—构造结构术语—特殊矿物—次要矿物—主要矿物—基本名称。

2. 岩浆岩的肉眼鉴定方法

对于岩浆岩的肉眼鉴定，主要是观察岩体在野外或井下的产状、岩石的颜色、矿物成分、结构、构造等特征，利用上述岩浆岩分类鉴定表，确定岩石的名称。其鉴定方法和步骤如下：

（1）观察颜色。根据颜色的深浅程度，初步确定岩石的类别。一般来说，岩浆岩色调深者多为超基性岩或基性岩，色调浅者则多为中性岩或酸性岩。

（2）观察岩石的结构、构造特征，并结合岩体在野外或井下的产状，及其与围岩的接触关系，确定其为深成岩、浅成岩或火山岩。

①深成岩多为较大的侵入体，如岩株、岩基、岩盆等；也有岩盖、岩墙等小型侵入体。其具中粒、中粗粒结构、似斑状结构，矿物内部组成在缓慢冷却过程中得到调整。例如，斜长石环带不发育，石英为他形的低温石英。

②浅成岩岩体规模较小，常见岩墙、岩床、岩盖、小岩株、隐爆角砾岩体等，与围岩多呈不整合接触。其具细粒、隐晶质及斑状结构，斑晶可具熔蚀或暗化边结构。斜长石环带发育，常见高温石英斑晶、易变辉石等。岩体接触变质较弱。

③火山岩岩体多为岩被、岩流、岩钟、岩针、岩穹和火山锥等产状。熔岩常具有隐晶质、微晶、细晶、斑状以及玻璃质结构，块状、流纹状、气孔状、杏仁状、枕状等构造，常见高温石英和透长石斑晶、易变辉石等，斜长石环带发育；火山碎屑岩常具有集块、火山角砾、凝灰结构，块状、假流纹状、火山球状等构造，主要由岩屑、晶屑和玻屑组成。

（3）观察岩石中主要造岩矿物的种类及其含量。常见造岩矿物一般为石英、钾长石、斜长石、似长石、橄榄石、辉石、角闪石、黑云母等几种。要注意观察了解硅酸饱和指示性矿物（橄榄石、似长石或石英）的存在与否及其百分含量、长石的种类及其百分含量、暗色矿物的种类及其百分含量，它们是岩浆岩分类命名、岩性对比的主要依据。对于以隐晶质或玻璃质为主的岩浆岩，则应着重于斑晶成分的观察与鉴定，必要时应做岩石薄片的镜下鉴定或化学分析，以了解岩石的物质组成。

（4）确定岩石的名称。例如：某矿侵入含煤岩系中的岩浆岩体以岩墙产出；岩石的颜色为灰色；结构为全晶质、斑状，斑晶为中粒，自形程度较高，呈板状和长柱状，斑晶占整个岩石的50%，基质为微粒结构，肉眼可分辨颗粒而不易鉴定其成分；块状构造；斑晶中的板状晶体为斜长石，约占斑晶的70%，长柱状斑晶为角闪石，约占25%，还有少量的石英。根据岩石的颜色，可初步考虑属中性岩；根据岩石的产状和结构，可断定为浅成岩；从岩石斑晶的成分和含量则可进一步确定为闪长石—安山岩类的浅成岩，即闪长玢岩。如果其中石英的含量超过5%，则可命名为石英闪长玢岩。

二、岩浆侵入对煤层的影响

岩浆侵入作用是指在含煤岩系沉积过程中及其形成以后，在聚煤坳陷内发生的岩浆活动。含煤区域的岩浆活动，无论是侵入、穿插或靠近煤层，均可导致煤层的破坏和煤的变质。岩浆岩侵入体的存在，也是影响煤矿正常生产和建设的诸多地质因素之一。因此，在受岩浆侵入活动比较剧烈的矿区（井），研究岩浆岩体的侵入特征及其分布规律显得尤为重要。

（一）侵入岩的岩石种类和产状

侵入于我国含煤岩系的岩浆岩不仅岩性复杂，而且产状多样。

岩浆岩从超基性岩类到酸性岩类、从钙碱性岩类到碱性岩类，在不同区域均有分布，种类繁多。其中，其主要以酸性岩类、中酸性岩类和碱性岩类最为发育，深成岩常见有花岗岩、花岗闪长岩、石英闪长岩、石英正长岩、闪长岩、正长岩、二长岩、碱性正长岩等岩石，浅成岩常见有花岗斑岩、石英斑岩、正长斑岩、微晶闪长岩、闪长玢岩、辉绿岩、辉绿玢岩、细晶岩和煌斑岩等岩石。

岩浆侵入含煤岩系以不同形状产出，既有与围岩整合接触的岩床、岩盘等产状，也有不整合接触的岩墙、岩脉、岩枝、岩瘤甚至岩株等产状。其中，对我国含煤岩系影响较大的主要为浅成岩体，其次为深成岩体和隐伏岩体。

（二）岩浆侵入对煤质的影响

在岩浆侵入活动过程中，岩浆侵入体的规模、产状、形态、侵入的次数、侵入的深度和距含煤岩系的距离与煤的变质程度有着密切的关系。将煤的岩浆变质作用分为两种类型：一是主要与地下巨大的深成侵入体有关的煤区域岩浆热变质作用；二是与浅成侵入岩体有关的煤接触变质作用。

1. 区域岩浆热变质作用对煤质的影响

区域岩浆热变质作用对煤质的影响程度主要取决于岩体与煤层的距离远近。距岩体越近，煤层变质程度越高；反之，煤层变质程度越低，与区域深成变质相近。煤质在剖面上和平面上均显示出分带性。在剖面上，煤质变化呈带状分布，煤的变质程度由接触带向围岩呈带状逐级降低，其延伸方向与侵入岩体的产状和形态相关，与煤（岩）层的倾角及剖面方位无关。在平面上，煤质变化常以岩体为中心呈环状或不规则环状分布，围绕岩体煤的变质程度由接触带向围岩呈环状逐级降低，变质分带较窄；展布方向与含煤岩系以及上覆岩层的等厚线方向无关，而与区内侵入岩体的延展方向相关。由于岩体形状、侵位深浅存在差异，加之含煤岩系分布和断层切割的影响，煤变质带常呈不规则环状，形态较为复杂。靠近侵入岩体中心地带，往往有热液矿化现象出现。

2. 接触变质作用对煤质的影响

接触变质作用对煤质的影响是指浅成岩浆侵入、穿越或接近煤层时对接触带部位的煤质影响。浅成岩体的岩性较为复杂，以辉绿岩、闪长玢岩、花岗斑岩为多见，常呈岩床、岩墙或岩脉侵入于含煤岩系，直接与煤层相接触，发生接触变质作用。岩体以不同产状形式侵入含煤岩系后，对煤层变质程度影响不同，形成不同变质带。

（1）当岩浆以岩墙或岩脉垂直或斜交侵入含煤岩系时，引起煤层变质的范围决定于岩墙或岩脉的厚度以及岩浆侵入时的温度，接触带附近往往形成规模较小的煤质分带现象，变质带一般不规则，厚度较小，由数厘米到数米以至数十米，或为岩体厚度的 1 ~ 3 倍。煤质变化较快，由接触带两侧的天然焦迅速变为超无烟煤或高变质无烟煤，短距离内便可与区域煤质特征趋于一致。同一煤层或多个煤层的变质分带总是与侵入体之间距离远近、岩体大小和接触面积呈规律性变化。

（2）当岩浆以岩床形式侵入煤层中时，岩浆与煤层接触面积大，岩浆热气与挥发性物质均向上扩散，热影响范围广，煤层在岩浆的高热量烘烤下接触带部位易形成天然焦或次石墨，接触带两侧形成特征较为明显的煤变质带，厚度较大。但是，煤层受热时间较短，均匀程度差，一般形成不连续、不规则的天然焦带。由于岩浆中热量及气液向上部围岩的传递能力往往高于向下部围岩的传递能力，因而岩床对其上部煤层的影响程度高于对其下部的煤层，上部煤层的变质程度和变质带厚度往往高于其下部的煤层。

3. 岩浆侵入对煤质的影响的主要表现

岩浆侵入位于聚煤坳陷内沉积的含煤岩系，炽热的岩浆通过各种传热方式向围岩散发热量，使地区地温增高，形成地热异常带，处于深成变质基础上的低级变质煤进一步加深变质程度，转变为中、高变质等级的烟煤、无烟煤，甚至焦化后变成天然焦或次石墨。

岩浆侵入对煤质的影响，主要表现在以下几个方面：

（1）煤的物理性质发生变化

当煤受到岩浆接触交代或烘烤后，煤的原始结构被破坏，颜色变浅，光泽增强，比重变大，多呈粉状，或发育节理，呈六方柱状。

（2）煤岩特征发生变化

煤层受到岩浆烘烤后，煤中各种组分的界线模糊不清，原始条带发生弯曲，出现混乱，甚至完全改变原有形态特征。原生的呈层状、透镜状分布的黏土矿物组合结构在岩浆热液影响下趋于消失，有时被后期形成的方解石细脉穿插于其间，形成网脉状。

（3）灰分及灰成分发生变化

在接触变质作用中，由于岩浆中的钙、镁、铁等主要造岩元素以及热液组分向煤层扩散运移，使得岩体接触带部位的煤层灰分含量高于远离接触带部位的煤层，而且煤层灰成分随煤的变质程度的增高也发生明显变化。

（4）工艺性质发生变化

①煤的挥发分含量随煤的变质程度增高而降低。煤层在烘烤作用下散失挥发分，其等值线围绕岩体由里向外逐级减少，呈弧形圈分布其周围，煤的挥发分梯度较大。

②煤的黏结性随煤的变质程度增高而降低。煤受岩浆热液作用，短时间处于高温状态，煤分子结构中的一些支链和官能团断裂脱落，存在于煤超孔隙中的沥青质发生裂解，降低了煤的黏结性。随着远离岩体，煤的黏结性增高。

③碳含量随煤的变质程度增高而增高。随着远离岩体，煤的碳含量降低。

④氢含量随煤的变质程度增高而减少。随着远离岩体，煤的氢含量增高。

⑤煤的焦油产率随煤的变质程度增高而减少。随着远离岩体，煤的焦油产率增高。

（5）显微组分

随着靠近岩体，煤中镜质组、壳质组在高温作用下软化、熔融，并释放出挥发分，形成了大小不等、形状各异的热变气孔和石墨化小球体等高碳化合物，镶嵌结构发育。在气煤阶段开始出现气孔和小球体，瘦煤到低级无烟煤阶段出现次生气孔，小球体在正交镜下显示黑十字消光，中级无烟煤阶段出现细粒镶嵌结构和粗粒镶嵌结构，高级无烟煤阶段出现片状镶嵌结构。

（6）镜质组反射率

镜质组反射率是表征煤化程度的重要指标。煤层受到岩浆高温烘烤后，煤中的各种官能团和支链很容易脱落，使有机化学结构芳香度逐渐提高，分子逐渐趋于定向性排列，提高了反射率值。

（7）煤芳香核的变化

随着远离岩体，煤的芳香核中水平碳原子网显著增大，垂直碳原子网也有所增大，但是变化较为复杂。

三、岩浆侵入煤层的一般规律

（一）深断裂是岩浆上升侵入的通道

岩浆侵入活动受区域构造控制，与断裂有着不可分割的关系，断裂往往是岩浆上升的通道。由于断层的形成和活动，造成了沿断裂带岩石的碎裂和切割破坏，形成了力学薄弱带，为岩浆创造了顺断层带运移的条件，从而形成控制岩浆岩分布的重要地质因素。一般情况下，由于张性、张剪性断裂开启性较好，侧压较小，岩浆沿其侵入所遇阻力小，因此岩浆易沿此类断裂侵入。岩浆沿断裂侵入可以有以下几种情况：

（1）侵入体沿断裂分布。

（2）侵入体在断裂交会处、转弯处、末端处出现。

（3）侵入体侵入断裂两侧的羽状裂隙中，成组出现，呈断续的线状群体分布。

在煤炭开发利用过程中，应将侵入体研究与断裂构造研究结合起来，有助于查明两者的关系，指导煤炭安全生产。查明了岩体的侵入时代，有助于确定断裂的形成时代；反之，查明了断裂的形成时代，有助于确定岩体的侵入时代。例如：产于淮北岱河煤矿的岩墙侵入岩体，受一组沿向斜轴 NNE 走向分布并向下开裂的纵张裂隙控制，为岩浆充填断裂产物；另有一些近 EW 和 NE 向的断层，仅错断岩墙、岩脉，而无侵入岩体，为岩浆期后断裂所致。

（二）沿软弱层侵入

当岩浆顺断层带运移到含煤岩系，除熔融同化周边的围岩外，遇到力学和化学性质较弱的煤（岩）层时，还向热熔性较低、软弱面较多、裂隙发育的围岩做侧向选择性侵入、穿插切割。由于煤层物性软弱，热熔点低，化学性质不稳定，层理裂隙发育，常发生顺层侵入，挤压、熔蚀煤层形成岩床，或沿煤层裂隙穿插切割，在煤层中出现形态复杂多样的侵入岩体。煤层是含煤岩系中岩浆最易入侵的层位。煤层围岩（顶底板）相对致密坚硬，导热性也差，侵入煤层的岩浆热与气体均不易逸散，增强了岩浆的熔蚀强度与扩散能力，使煤层遭到熔蚀、焦化、变质。

岩体形态往往表现为断层带附近岩床厚度最厚，远离断层带则逐渐变薄、尖灭。

（三）受岩浆侵入影响煤层的分带性和分区性

煤主要由有机质组成，当岩浆侵入或接近煤层时，煤受到温度、压力和挥发物质的影响，常出现分带性和分区性。

1. 受岩浆侵入影响煤层的分带性

岩浆侵入岩体往往以中酸性岩浆岩为主，富含挥发分，呈岩株、岩枝、岩盘、岩基、岩墙等形式出现，岩体规模大小不一，岩浆热作用时间有长有短，影响范围差异较大。区域岩浆热变质作用，常形成分布范围较为广泛、宽度较大的煤变质带；接触岩浆热变质作用，常形成分布范围较局限、宽度较窄的煤变质带。

2. 受岩浆侵入影响煤层的分区性

由于岩浆侵入煤层受诸多相关因素的影响，岩浆侵入体在煤层中的分布具有明显的分区性。根据距离侵入中心的远近、侵入岩体的产状变化，以及对煤层、煤质的破坏和影响的程度，一般可以分出3个区域。

（1）上冲区

上冲区是指岩浆通道及其附近的地区。该区岩浆活动剧烈，热流值高，侵入体在较大面积上呈层状或似层状，厚度大，煤层几乎被全部吞噬同化，为侵入岩体所替代，偶见少量天然焦。由于岩浆同化围岩后，其中混杂有大量岩浆物质，煤层失去了工业价值。

（2）扩散区

扩散区是指岩浆离开侵入通道向外围扩散的区域。该区岩浆的热流值较低，熔蚀能力和变质作用锐减，各处差别较大，在扩散较弱地段往往残留可采煤层或煤分层。侵入体产状多呈似层状、树枝状、串珠状和扁豆状。通常扩散区范围较大，残存煤层的储量不易控制，可靠性较差。

（3）波及区

波及区是指扩散区外围，仅受岩浆汽化热液影响的地区，热流值低。该区偶见少量的单个侵入岩体，或呈小范围分布，天然焦也仅在局部出现，煤的变质现象也不太明显，主要见有各种交代现象，如硅化、叶蜡石化、绿泥石化、高岭土化、绢云母化、碳酸盐化、黄铁矿化等蚀变带。石英砂岩变质为石英岩，灰岩变质为结晶灰岩或大理岩，泥质岩变质为板岩。而且，热液石英脉发育。

由上冲区经扩散区、波及区到正常区，其间是逐步过渡的，各区域边界不易划分，但分区性对岩浆活动一般规律的探索、对生产区域侵入岩体形态的研究、评估煤层遭受岩浆的破坏程度、探测和预测开采区段具有一定指导意义。

四、煤系中火成岩侵入体的观测与描述

对煤系中的火成岩体，应观测描述其岩性特征，确定岩石名称，查明其产状和形态、侵入层位，研究对煤层厚度和煤质的影响，确定侵入中心、侵入范围及与构造的关系，为查明井田内岩体的分布规律积累资料。

（一）侵入体的岩性

对侵入体岩性的描述包括颜色、矿物成分、结构、构造、初步判断岩石类型并命名。采取岩石标本，室内磨片，进行显微镜下鉴定。

1. 矿物成分和颜色

火成岩中最主要的造岩矿物有石英、正长石、斜长石、白云母、黑云母、角闪石、辉石、橄榄石等。其中：有些是浅色矿物，如石英、正长石、斜长石、白云母；有些是暗色矿物，如黑云母、角闪石、辉石、橄榄石。各种矿物在岩石中的含量决定了岩石的颜色。在酸性火成岩中，浅色矿物含量多，暗色矿物含量少，颜色浅，如花岗岩呈肉红色、灰白色、淡红色；在基性岩和超基性岩中，浅色矿物含量少，甚至不含浅色矿物，暗色矿物含量多，因此颜色深，比如辉长岩呈深灰色及灰黑色，辉绿岩呈暗绿色或灰黑色。

侵入煤系中的火成岩，比较常见的有花岗斑岩、石英斑岩、正长斑岩、细晶岩、闪长岩、闪长玢岩、辉绿岩、辉绿玢岩和煌斑岩等。

2. 结构

（1）按结晶程度分类

①全晶质结构。岩石全部由矿物晶体组成，用肉眼或借助放大镜能分辨矿物颗粒。②半晶质结构。岩石由部分晶体和部分玻璃质组成，用肉眼和放大镜无法分辨矿物颗粒，只有在显微镜下才能识别。

玻璃质结构岩石几乎全部由未结晶的火山玻璃组成。

（2）按颗粒相对大小分类

①显晶质结构。肉眼观察时基本上能分辨矿物颗粒。按矿物颗粒绝对大小又分为粗粒结构（晶粒直径 >5mm）、中粒结构（晶粒直径在 2 ~ 5mm 之间）、细粒结构（晶粒直径 0.2 ~ 2mm）和微粒结构（晶粒直径 < 0.2mm）。岩石中同种主要矿物的颗粒大小均匀者为等粒结构，大小不等者为不等粒结构。②隐晶质结构。矿物颗粒很细，肉眼无法分辨出矿物颗粒。③斑状结构和似斑状结构。矿物颗粒明显地分为大小悬殊的两群，相对粗大的称为斑晶，细小的称为基质。若基质为隐晶质或玻璃质，称为斑状结构；基质为晶质的称为似斑状结构。

3. 构造

块状构造组成岩石的矿物成分分布均匀，无定向性、层序性。

在流纹构造岩石中，不同颜色、不同成分的矿物颗粒或拉长的气孔呈定向排列而显示出条带状的流动构造。

流面和流线构造岩石中的板状、片状矿物定向排列，呈平行面状分布，为流面构造；岩石中的针状、柱状矿物呈定向排列，形似流线，为流线构造。

气孔和杏仁构造。岩石中分布有大小不等的近圆形或椭圆形的孔洞（气孔），称作气孔构造；气孔被次生矿物（如方解石、蛋白石、沸石等）充填，状似杏仁，称为杏仁构造。

（二）侵入体的产状、形态、与地质构造的关系

侵入体按其侵入部位分为深成侵入体和浅成侵入体。煤系地层中大多为浅成岩体，产状多为岩床、岩墙、岩盘、岩脉等，以岩墙和岩床居多；其次为一些形态不规则的小型侵入体，如扁豆状、串珠状、瘤状、树枝状等。

井下遇火成岩，要观察并记录岩体的形态特征、延展方向、范围，测量其长度与厚度，研究岩体与断层、裂隙的关系。

（三）侵入体接触关系

井下要观察侵入体与煤、岩层的接触关系，推断侵入体形成的时代、侵入顺序等。侵入体与围岩的接触关系，从成因上可分为侵入接触、沉积接触和断层接触3种。

（1）侵入接触。岩浆侵入围岩中，与围岩直接接触。其特点是围岩有接触变质现象。

（2）沉积接触。早期侵入的岩体被后来的沉积物所覆盖。其特点是岩体上覆的围岩（沉积岩）无热变质现象。

（3）断层接触。侵入体与围岩的接触面是断层面或断层带，因断层的错动使岩体与围岩（沉积岩或另一侵入岩体）接触。其特点是断裂带常伴有动力变质现象。

根据岩体与围岩的接触关系，可以大致推断岩体形成的相对时代。当岩体与围岩之间为侵入接触时，岩体形成晚于围岩，被岩体侵入的最新地层时代为岩体形成时代的下限；当二者为沉积接触时，岩体形成时间早于围岩，上覆沉积岩层的最老地层时代为岩体形成时代的上限；如二者呈断层接触，则岩体的形成时代早于断层。

（四）侵入体对煤层厚度和煤质的影响

对侵入体还要观察其侵入层位、对煤层的破坏情况、煤层被吞蚀破坏的方式与规模、煤层的变质程度、变质带延展的方向及宽度、天然焦的厚度等。

侵入体对煤层的影响程度与侵入体的产状和规模有关。岩床对煤层的影响大，岩墙对煤层的影响小；岩体规模越大，热量越高，影响范围越大，对煤层的破坏越严重。

侵入体对煤层的破坏性与岩体的岩性有关。一般来说，基性岩浆黏性小，易流动，分布范围大，对煤层破坏大；酸性岩浆反之。

侵入体距煤层的距离不同，对煤质的影响也不同。煤的变质程度随距侵入体的距离发生有规律的变化：近者变质深，远者变质浅，形成变质分带。

此外，影响破坏程度的因素还有岩浆侵入部位以及煤层本身的结构、构造、厚度等。

1. 岩床对煤层的影响

岩床是沿煤层顶板、底板或煤层中部侵入的，与围岩层理大致平行，以层状或似层状产出。岩床的平面形态有的近似圆饼状，有的为椭圆状、舌状等。岩体边缘不规则，与煤层接触界线常参差不齐。岩床的厚度一般不大，较稳定，但面积较大。

当岩浆以岩床形式侵入煤层时，较薄煤层可能被全部吞蚀。较厚的煤层在侵入部位被火成岩吞蚀。岩体周围的煤，由于受岩浆热的烘烤，发生接触变质作用：紧靠岩体的部位变成天然焦，接触带附近变为无烟煤或高变质烟煤，形成局部的煤质分带。如此形成的天然焦，虽然变质程度高，但由于受热时间短，均匀程度差，因此煤质很差，利用价值不高。

岩床对煤层的破坏程度与侵入部位有关。侵入煤层中部的岩体对煤层破坏最严重，其上下煤层可能全部发生接触变质，变为天然焦；侵入下部时，由于热量向上发散，对煤层影响较大；如果是沿顶板侵入的，影响则相对较小。

2. 岩墙对煤层的影响

岩墙是岩浆沿地层的薄弱部位（如裂隙、断层）侵入的一种岩体，穿插在岩、煤层之中，两壁近于平行。岩墙切穿煤层及其顶底板，与围岩层理斜交或近于垂直。岩墙在平面上呈条带状分布，宽度由数十厘米至数十米，多见 2 ~ 3m；延伸长度由数十米至数千米不等。当岩墙成组出现时，其方向大致相同，并与主要断裂线的走向一致。岩墙对煤层的破坏程度比较小，范围仅限于侵入部位及其两侧煤层。侵入部位的煤层被吞蚀，两侧煤层发生接触变质，紧靠岩体处变为天然焦，稍远为无烟煤或高变质烟煤。

3. 不规则小侵入体对煤层的影响

除岩墙和岩床外，煤系地层中经常存在不规则岩浆侵入体，多发育在岩床等大型侵入体的边缘，呈串珠状、扁豆状和其他不规则状。此类侵入体对煤质破坏不大，仅在其周围产生少量天然焦；但对煤层整体有较大破坏，严重恶化了开采技术条件，尤其对机械化采掘工艺有较大影响。

（五）侵入体与断裂构造的关系

侵入体与断裂构造的关系有两种，一种是岩浆沿断裂侵入，一种是断裂切断侵入体。前者表明断裂对侵入体起控制作用，后者表明断裂对侵入体有改造作用。

五、侵入体的探测

查明侵入体的形状、大小、范围，确定侵入体的边界，查明煤层剩余厚度和天然焦厚度，确定对采掘工艺的影响，是井下观测研究侵入体的基本任务。在煤层可采性遭到破坏甚至严重破坏的地区，要圈定残留煤层的可采区段，最大限度地采出煤炭资源。为此，除注意积累地面钻探和井下揭露点的资料外，必要时还应布置钻孔或探巷等工程探测岩浆侵入体。当煤层中有侵入体时，无论巷道沿顶板或底板掘进，每隔一定距离均应探测一次煤层和火成岩厚度，取得从顶板到底板的煤、岩层完整柱状，最后编制剖面图，以反映煤层、侵入体的分布情况。

探测岩体的钻孔或巷道可以在同一煤层中布置，也可以布置在邻近煤层的巷道中。

为查明侵入体附近煤的变质情况，还应取样化验，了解主要煤质指标，如水分、灰分、挥发分等的变化情况。

物探方法在探查岩浆侵入体方面也能收到良好效果。例如，坑道无线电波透视法、矿井地质雷达已有较多应用，条件适宜时能达到较高的准确率。

六、侵入体资料的整理

井下观测及生产勘探所得到的侵入体的资料，要及时整理，绘制反映煤层及侵入体特征的巷道剖面素描图、煤层柱状图等原始资料。当侵入体形态复杂时，可采用巷道展开图的形式编录。还应建立侵入区的煤层、天然焦、侵入体厚度，以及煤质档案。

在生产地质资料积累的基础上，可编制侵入体分布图、侵入区煤厚等值线图、煤质（灰分、挥发分等）等值线图等专门图件。这些图件是火成岩侵入区预测找煤的基础。

第六节　喀斯特陷落柱的观测与描述

喀斯特陷落柱，又称岩溶陷落柱，是煤层下伏可溶性岩（如石灰岩、白云岩及石膏、盐岩等）因地下水溶蚀，引起上覆岩层垮落而成的柱状塌陷体。我国华北地区古生代煤系地层中的陷落柱多是由于奥陶纪灰岩内的溶洞塌落造成的。

陷落柱的存在对煤矿建设生产安全都有影响。陷落柱穿过煤层，成为无煤区，减少了煤炭储量。例如，汾西富家滩西矿，由于陷落柱造成的煤炭损失占全矿总储量的53%。如果主要开拓巷道穿过陷落柱，将会加大巷道支护和顶板控制的难度，增加掘进和维护费用。在陷落柱发育的地区，难以布置出综采工作面；如果工作面内包藏多个陷落柱，采煤机组和液压自移掩护支架无法使用。由于陷落柱发育多由溶洞的塌陷引起，因此它多与喀斯特水有联系。在水文地质条件复杂的矿井，陷落柱可能导致涌水量增大，对安全生产构成威胁。

一、陷落柱的观测与描述

对于陷落柱，要观察并描述：柱体的形状、大小、陷落角，柱内充填物的岩性、层位、密实程度和含水性，陷落柱附近煤、岩层的产状等。

（一）陷落柱的形状、大小

陷落柱多为上小下大的圆锥体，也有上大下小或上下一样粗细的。陷落柱的纵剖面形态有漏斗状、锥状及不规则状，与穿过的岩层的性质有关。陷落柱的水平切面形态多为似圆形、似椭圆形，也有长条形、不规则形。塌陷到地表的陷落柱，地形上表现为近圆或椭圆的陷落盆地。盆地内岩层产状杂乱，层次不清；盆地周围岩层因受塌陷影响而略显弯曲，多向陷落区内倾斜。

陷落柱柱体的高度大小不一，小者几十米，只穿过几个或几十个岩层；大者，高度可达数百米。

（二）陷落柱的柱体物质

陷落柱内物质由塌落的溶洞上方的岩石组成，无论从哪一层位观察，岩块都来自其上方的各岩、煤层。陷落柱内的岩石碎块，一般棱角明显，形状不规则，排列紊乱，大小混杂。古老的陷落柱中的岩块多被胶结，近代塌陷的岩块呈松散堆积。

（三）陷落柱与围岩的接触面

陷落柱与围岩的接触面多呈不规则的锯齿状，界限明显。柱面倾角一般为60°～80°。柱面在坚硬岩层处突出，在松软岩层处凹进。

当井下遇陷落柱时，要观察：柱内充填物的岩性、层位、密实程度和含水性；柱面形态和倾角；柱面附近煤、岩层的产状要素；接触面附近煤质有无变化等。此外，还要观察陷落柱导水情况和瓦斯的变化情况、陷落柱周围小型断层的发育情况及其产状特征。

（四）观测岩墙、岩脉等小型侵入岩体

含煤岩系中常见的侵入岩体主要为岩墙、岩脉等小型侵入岩体，根据我国侵入岩体的一般分布规律，呈岩床产出的侵入岩体多出现于地壳较为稳定的地区，往往由黏度较低、流动性较强的基性岩石组成；呈鞍状产出的侵入岩体多出现于构造活动较为强烈的地区，是在褶皱形成过程中，岩浆挤入褶皱鞍部的软弱地带冷凝形成。

呈岩墙产出的岩脉往往成群出现，产状近乎一致，受区域性张裂隙控制，有的受岩株或火山颈上拱的影响，形成放射状和同心圆状分布的岩墙群体。

对于岩脉在延伸方向上发生的变化也应特别引起注意。例如，岩脉厚度突然增厚的地段是否为断裂交会部位，或"管状体"存在的部位；岩脉发生弯曲、断开或厚度发生变化，是因构造前的影响还是构造后的控制。

当矿井（区）内发育形成多个不同地质特点和岩石特征的岩脉时，应分别按岩石特征或延伸方向分组进行研究，确定各组岩脉的主要走向、倾角、厚度和数量，编制"玫瑰图"，以便掌握其侵入期次和分布规律。例如，每组选择1～2条岩脉，研究其岩石特征、岩相分带性、分布稳定性、相互关系等内容。有时还

应研究岩脉的空间分布规律，了解某种脉岩是与某期的侵入岩体相关，是与侵入岩体的某组裂隙相关，还是受某断裂带控制等内容。

二、陷落柱出现的预兆

（一）煤岩层产状发生变化

一般情况下，临近陷落柱时，煤岩层产状稍有变化，向陷落柱中心，倾角增大或减小，倾角变化多在 3°～6°之间，个别可达 10°以上。影响范围一般为 15～20m，5m 内煤层顶板松动。煤、岩层产状的影响范围和变化程度与它的物理力学性质有关。在较松软的煤、岩层中，产状变化明显，影响范围较宽；在坚硬和脆性的煤、岩层中，产状变化不明显，影响范围较窄。

（二）裂隙和小断层增多

在喀斯特塌陷过程中，陷落柱周围的煤岩层中形成一些张性裂隙和小型正断层。这些断层面大多倾角较陡，走向平行于柱面的切线方向，或呈弧形平行于柱面，倾向陷落柱中心。断层落差很小，走向延伸不长，短者 2～3m，长者 10m 左右，沿倾向往往消失于煤层中。裂隙中常充填黏土、碳酸钙和氧化铁等物质。断裂在脆性煤、岩层中比较发育，在塑性煤岩层中则较少见。

（三）煤出现风氧化现象

在靠近陷落柱周围的煤层中，煤常常不同程度地遭受风氧化，轻则光泽变暗，灰分略高，煤质松软；重则风化成粉末状。煤的风氧化程度和影响范围与陷落柱的大小、裂隙发育程度、距地表的深度和地下水的活动情况有关。

（四）煤层中挤入破碎岩块

在接近陷落柱的煤层中，因局部煤质松软，陷落岩块常嵌入煤层。挤入煤内的岩块棱角分明，但并未引起煤层层理和顶底板的异常变化。

（五）地下水涌出量增大

陷落柱既可以积聚地下水，又是连接富水层的良好通道。在陷落柱发育的矿井内，采掘前方涌水量增大，可能是临近充水陷落柱的先兆。不同地区陷落柱的充水特征差异很大；有的干燥无水，有的储水而不导水，有的既充水又导水。当本身导水的陷落柱穿过富含水层，且含水层具有一定的水头压力时，就具备了引发矿井突水事故的条件。

三、陷落柱的探测

为了查清陷落柱的确切位置，确定其大小及形状，可用钻探、巷探、物探等手段进行探测。

（一）钻探

常用地面钻探验证塌陷异常区，用井下钻探探查采掘前方有无陷落柱存在。在巷道掘进时布置探陷落柱的钻孔，应根据施工方向布置平行孔或扇形孔。探查回采工作面内部有无陷落柱，一般布置扇形孔，孔距应略小于本矿区已知陷落柱的平均直径。钻探是地质工作中常规的探测手段。钻探设备按其使用特点分为地面钻机、坑道钻机及车载工程钻机。

（1）地面钻机。地面钻机的主要特点是调速范围大、可拆性好、操作省力安全、耗能少、效率高，能满足不同深度钻孔的岩心钻探要求。例如，XY-5 型钻机，钻进深度为 1500m，钻杆直径为 50 ~ 60mm，质量为 3500kg。

（2）坑道钻机。坑道钻机属于轻型钻机，搬运、安装和施工方便，能适应井下作业。常见型号如 KD-100、钻石 -100、MK-150、TXU-200 等。TXU-200 型钻机，钻进深度为 200m，钻杆直径为 50mm，钻机质量为 1000kg ；MK 系列钻探机具和定向钻进技术，在煤矿井下瓦斯抽放、探放水、煤层厚度探测、断层和陷落柱探测等方面发挥着重要作用。我国研制的顺煤层大口径定向钻进技术，钻进最大深度已达 1000m，是经济有效的瓦斯抽放设备。

（3）车载工程钻机。车载工程钻机的特点是车装自行，方便快捷，如 DPP-100、WKC-50 等。DPP-100 钻机，钻孔直径为 150 ~ 200m，总质量为 6800kg。

（二）巷探

为了查明陷落柱的确切位置、形状、大小及其对煤层的破坏程度，对于没有突水危险的陷落柱，可利用小断面的巷道进行探测。如果区内陷落柱导水，使用钻探和巷探时要慎重。

（三）物探

物探技术对陷落柱的探测有较好的效果。

1. 井下槽波地震探测技术

利用地震波在煤层中传播时遇到不同介质的分界面时发生反射和透射的特点，探测其有无、强弱及速度变化，确定煤层中构造及地质异常体的存在。槽波地震探测分为透射波法和反射波法。

槽波地震探测技术可用于井下探测含水灰岩的赋存状态、隔水层厚度、隐伏构造、煤层厚度等。例如，在回采工作面或盘区中的小断层、冲刷带、陷落柱、老窑、采空区、岩浆侵入体以及其他地质异常体的超前探测中，可以探测到综采工作面范围内落差大于 1/2 煤层厚度的小断层、直径 15m 的冲刷无煤区、陷落柱等，探测距离最大可达 1000m 以上。但该设备庞大，井下施工复杂，而且受煤层的槽导性影响较大，探测效果不够稳定。

2. 瑞利波技术

瑞利波技术是利用瑞利波传播的分散性，通过传播速度的检测计算，探测被测岩体的弹性性质，从而对巷道前方、两帮及底板的断层、陷落柱、裂隙等小构造进行解析判断。瑞利波勘探主要用于掘进巷道超前探测小断层、陷落柱、采空区、煤层厚度变化、煤层顶、底板构造探测和瓦斯防突检测等，探测距离可达 50 ~ 80m。

瑞利波探测仪具有仪器轻便、操作简单、探测效果较好等优点。

3. 坑道无线电波透视法

坑道无线电波透视法是煤矿生产中应用较早的物探方法。坑透仪由发射机与接收机两部分构成。发射机从工作面的一条顺槽中发射高频电磁波信号，接收机在另一顺槽的相应位置接收穿越工作面后的电磁波信号，根据接收值的大小和异常值的展布情况，判断工作面内的构造性质和大小。工作面内有异常地质构造体（如陷落柱、断层、火成岩体、厚层夹石）时，电磁能量会减弱，甚至完全被吸收、屏蔽，接收信号显著减弱，甚至没有信号，形成透视异常区，称为阴影区。变换发射机与接收机的位置，"阴影区"交会的区域即为地质构造体的位置。

坑道无线电波透视法适用于探测高、中电阻率的煤层中的地质异常体，特别是能较准确地圈定回采工作面内陷落柱的位置、形状和大小、工作面内断层的分布范围和尖灭点位置，对探测工作面内煤层厚度变化范围及某些火成岩体也具有重要的应用价值。

4. 矿井地质雷达

雷达天线定向发射的高频电磁波在介质中传播时，遇到两种不同介质的分界面将发生反射，反射波被雷达的接收天线接收。根据反射波的到达时间及介质中的电磁波传播速度及特征，确定地质体的位置及其性质。矿井地质雷达适宜在高电阻率、层状介质中应用，在灰岩和中等变质程度的煤种中进行探测效果更佳。探测对象可包括回采工作面内或巷道前方的小断层、老窑位置和火区范围、充水裂隙带、陷落柱等。

5. 地面高分辨率三维地震勘探技术

三维地震勘探可基本查明落差 5m 以上的断层和波幅大于 5m 的褶曲，解释 3 ~ 5m 的断点，圈定直径大于 20m 的地质异常体（如陷落柱、冲刷无煤带及火成岩侵入体等）。三维地震勘探成果现已成为采区设计和综采工作面布置的重要依据。三维地震勘探作为煤矿地质保障系统的核心技术，以其成本低、速度快、效果好、经济效益和社会效益明显，现已成为煤矿采区精细勘探的首选技术之一。但其使用受地形条件的影响较大，准确程度不高。目前，条件最好的地区其准确程度为 70% ~ 80%，差的地区不到 50%。特别是小于 5m 断层的吻合率更低；对陷落柱、火成岩体的解释精度总体不高。

6. 弹性波 CT 层析成像技术

弹性波层析成像技术用于研究小构造的分布规律，探测煤层瓦斯突出危险区、冲刷带、火成岩体的位置以及断层裂隙带、陷落柱等地质小构造。

7. 其他物探技术

地面电磁法，如瞬变电磁场法、高分辨自动电阻率法、大地电磁测深、可控源声频大地电磁测深、磁偶源频率测深技术等，主要用于地下含水构造等低阻地质异常体的探测，以及煤矿采区水文地质条件补充勘探。井下电磁法，如直流电法和音频电透视法等，已被广泛用于探测工作面煤层顶底板含水构造、探查巷道侧帮和掘进前方的断裂破碎带，隐伏含水、导水构造，老空积水，潜在突水点等。目前，这些探测技术已经比较成熟，在我国一些大水矿区得到了广泛的应用，有效地避免了矿井水害事故的发生，收到了明显的经济效益。

四、喀斯特陷落柱的观测

（一）地表观测

根据喀斯特陷落柱在地表呈现的各种地质、地貌现象进行观测，并圈定喀斯特陷落柱在地表的位置、形状、大小、陷落角、柱内充填物的岩性、来源层位、密实程度、胶结情况、含水性、喀斯特陷落柱附近岩层产状、在地表的地形地貌特征及植被发育情况等。

（1）盆状陷落坑

在基岩裸露区，陷落柱常呈盆状凹陷，坑内混杂堆积上覆层位的破碎岩块，或为黄土掩盖。其周围的岩层层位正常，裂隙比较发育，产状稍有变化，一般向凹陷中心倾斜。塌陷坑呈圆形或椭圆形，大都长满茂密的植物，较易识别。

（2）丘状凸起区

山西阳泉和平定矿区，在大片出露由粉砂岩和泥岩组成的山西组地层中，常可见到由上覆石盒子组或石千峰组红色砂岩岩块堆积的丘状凸起。砂岩块体大小不一，岩性杂乱掺和，外围岩石均属正常。这是岩溶发育地区，由于陷落柱内外岩石抗风化能力的不同，在地表形成局部隆起的丘状地貌。

（3）柱状破碎带

在太原西山、汾西等矿区的沟谷两边或公路、铁路的两侧自然剖面或人工剖面上，常可见到一些柱状破碎带，此即陷落柱在地表出露的剖面形态。应详细测定位置、柱体形态，鉴定柱体内的碎石组成。

（4）特殊地貌形态

在黄土覆盖区，基岩地层中的陷落柱可使地表黄土出现大大小小的圆形陷坑，组成形似蜂窝状地貌；有时还出现弧形裂隙，黄土层沿裂隙呈阶梯状塌陷，裂缝的宽度大小不一，小者仅几厘米，大者可跌进耕牛，在汾西矿区有"跌牛缝"之称。此外，陷落柱也可引起黄土层的滑坡现象。

上述各种地貌特征可以由陷落柱产生，也可能是由地下工程造成，观察时应予以区分。

进行矿区地面调查时，应充分利用航空照片，在广阔的视域内发现地貌异常后，再定点进行详细勘查。要特别注意在雨后对黄土覆盖区和沟谷、河床进行观测，常可由此发现一些表象不显的塌陷坑。

（二）井下观测

在井下采掘过程中对陷落柱的揭露，只是一个局部的与正常煤、岩层的接触面，观测时应正确定出巷道与陷落柱的相对位置。由于这种接触面与断层破碎带的情况相似，必须仔细观察，做出正确判断。观测内容包括邻近柱体、与柱体接触面特征、柱体内碎石特征等。

（1）邻近柱体（相接部位）

观测煤层及其顶底板产状的变化，裂隙发育程度，裂隙性质，顶底板岩层与煤的风氧化程度，顶板淋头水或掌子面及底板水文变化情况，煤层瓦斯异常情况，小断层断面特征、性质、延伸情况等。

（2）与柱体接触面特征

与柱体接触面主要指正常岩体一侧的破裂面。其一般为凹凸不平的高角度倾斜面，呈锯齿状，但也有陡峭的直立面；面上常有水锈，与柱体相接处有煤粉、岩屑组成的软泥；要注意测定柱面界线水平延展的弧度及方向；测量水文及煤层瓦斯变化情况、岩石的风化程度等。

（3）柱体内碎石特征

例如，岩块性质、形状、大小、来源层位、密实程度、风化程度、胶结状况、水文情况、煤层瓦斯变化情况及堆积方式等，要特别注意与揭露点邻近的钻孔或石门剖面资料岩性的对比，以判别陷落层位。

（三）观测工作方法与要求

根据陷落柱比较发育的矿井生产地质工作经验，按矿井地质工作规程，归纳为五查、五看、五定的工作方法和要求。必须指出：陷落柱观测的重点应从保障生产与安全出发，注意观测它的含水性、瓦斯和岩块组成状况，以及它对煤层的破坏程度。

为了对喀斯特陷落柱进行正确判断，观测时必须注意煤层缺失前方的煤岩界面及揭露的岩性特征，辨认煤层陷落柱与煤层构造断失的区别。

（四）临近喀斯特陷落柱的征兆

（1）煤、岩层产状的变化

一般情况下，临近陷落柱处，煤、岩层稍有变化，向柱体中心部位倾斜，倾角变化在 0°～6° 之间，个别可达 10° 以上。煤、岩层产状影响范围和变化程度与煤、岩层的物理机械性质有关，在较松软的煤、岩层中变化明显，范围也大；在坚硬或脆性的煤、岩层中变化不明显，产状变化范围都在 15～20m，至5m 处顶板往往出现较明显的松动。

（2）裂隙和小断层较多

这里是指在岩溶塌陷过程中或塌陷以后，在重力作用下，柱体周围的煤、岩层中形成一些张性裂隙和小型台阶状正断层。这些断层、断面倾角较陡，落差不大，走向大多平行于柱面的切线方向，延展不长，倾向柱体中心，往往消失于煤层中，在脆性煤、岩层中比较发育，在塑性较大岩层中很少见。裂隙中常充填着黏土、高岭土、方解石和氧化铁等水溶性物质。

（3）出现煤的风氧化现象

靠近陷落柱周围的煤层常会出现煤的风氧化现象，一般是光泽变暗、灰分增高、煤质松软，严重时呈粉末状。煤的风氧化程度和范围与陷落柱的大小，裂隙的发育程度、距地表的深度和地下水的深度有关。

（4）地下水及瓦斯涌出量增多

陷落柱既可以积聚地下水，又是连接富水岩层的良好通道。在陷落柱发育的矿井内，采掘前方出水增多，水量增大，大多从底板处往上涌水，往往是临近充水陷落柱的先兆；陷落柱体周围裂隙及小断层发育，往往成为煤层瓦斯赋存的场所，临近陷落柱体，往往出现煤层瓦斯涌出量增大的现象。

（5）煤层中挤入破碎岩块

煤层本身可塑性较强。临近陷落柱体，煤层往往出现风氧化现象，进而变得更加松软。陷落柱体内较坚硬的砂岩灰岩块体往往嵌入煤层，挤入煤层内的岩块棱角分明，但并未引起煤层层理和顶底板的异常变化。

五、喀斯特陷落柱的预测

（一）根据陷落柱的成因及其分布规律的预测

煤炭科学研究总院西安分院与汾西矿务局曾协作进行张家庄、富家滩和南关煤矿 3 个井田的陷落柱分布规律及其分区的预测，其他局矿也开展过这方面的工作。根据它们的经验，归纳出陷落柱的成因预测。

1. 成因预测的理论依据

（1）陷落柱是由岩溶塌陷造成的。研究陷落柱的分布规律，实际上就是研究岩溶发育规律。

（2）断裂构造是地下水的良好通道，为形成岩溶的重要条件之一。区内陷落柱的分布方向，大多与构造线相一致。

（3）由于矿区各个井田的地质及水文地质条件的不同，区内陷落柱的形成，在时间与空间上均有差别，它的数量、规模都表现出明显的分区性。

2. 预测工作的方法与步骤

（1）做好预测区的地质及水文地质调查，分析区内地质构造和地下水运动规律，弄清补给区（或补给层位）及排泄口位置、可溶性岩层的埋藏深度等。陷落柱从成因上看，大都集中在地下水强径流带内；在两组断裂构造带交汇处，地下水排泄口附近，一般数量较多，柱体也较大。

（2）结合已采区的陷落柱发育情况、出现预兆、分布特征及其对生产影响等，对预测区的地质及水文地质条件进行分析，推测陷落柱数量及各项特征的规律性指标。

（3）根据调研与验证的材料确定类比项目及分区指标，按照陷落柱发育程度进行分区，诸如发育区、较发育区、不发育区等，作为进一步部署探测工作的依据。

它们同地面水系、地下富水层段与可溶性岩、矿层之间有水力联系，因此喀斯特陷落柱一般沿岩溶化断裂带、褶皱轴部，特别是断裂交汇处呈串珠状分布的特点，与该区地质构造线和地下水径流带密切相关。

（二）根据陷落柱相关征兆的预测

根据岩溶塌陷的地面特征，或井下采掘过程中临近陷落柱时出现的征兆，或不同水平和上下煤组（层）的实际揭露资料来进行推断和预测，这是煤矿最常用的工作方法。

利用岩溶塌陷的征兆推断或预测井下煤层或某一水平的陷落柱出现位置和面积时，必须注意以下几点：

（1）首先要找准陷落柱的中心轴，并按周边煤、岩层的产状，判断柱体可能出现的纵向形态。切记不可采用简单铅直投影。

（2）要分析陷落柱穿越地层的岩石性质和它的层序，以及相邻构造的影响。一般柱体平面形状上下大体相似，而面积则有相当大的差别。

（3）裸露与基岩的塌陷凹坑，一般是上小下大。如果地表为黄土或未胶结的松散沉积物，其凹陷面积可能要比在基岩的地层中大得多，也可能由基岩地层中几个相邻的小陷落柱造成地表几万平方米的塌陷区。

（4）利用陷落柱局部揭露的资料来推测整个陷落柱的形态和大小时，常可以根据：

①测定陷落柱柱面与巷顶交线的弯曲方向和曲率，推断巷道所遇陷落柱的部位及其陷落柱的形状和大小。

②判别陷落柱内岩块的岩石性质、层位和分布状况，估算陷落柱的高度和塌陷范围。徐州大黄山矿研究认为：两者大体上成正比关系。此外，陷落柱在较小范围内与长轴方向基本一致，形状一般比较近似，所以可以用已经掌握的陷落柱形态资料来预测揭露尚不充分的陷落柱的形状和展布方式。

六、喀斯特陷落柱的处理方法

对于不导水的陷落柱，处理方法通常有以下 3 种方式。

（1）强行通过

强行通过，即按原设计或生产要求，采取相应的技术措施，穿过采掘前方的陷落柱。技术措施包括采煤机切割通过与钻爆通过。一般运输巷掘进揭露陷落柱，常按原设计方案强行穿过；对于直径小于 30m 的陷落柱，若其位于工作面中部时，采用强行通过的方法。工作面强行通过陷落柱时，要采取一些特殊的处理措施，包括：采用控制爆破、采煤机清矸的方法；在工作面陷落柱范围内降低采高，所降低的高度以工作面能通过的最小高度为限，做到既减少采矸量又不会使支架被压死；陷落柱地段与工作面正常地段之间，保持一段采高逐渐变化的长度，以使支架和输送机能够适应；陷落柱两侧的工作面正常地段，可提前移架；陷落柱范围内适当滞后移架，用铁管或木板梁一端插入岩壁、另一端搭在前梁上的方法进行特殊支护，采煤机清矸后要立即移架，以防漏矸。采煤机清矸时，应采取小步距、多循环的方法，以减少顶板暴露面积。

（2）补道绕过

补道绕过是指根据巷道用途、采场布置等要求，按相遇陷落柱的大小及其性质，补掘巷道，绕柱而过，减少陷落柱的不利影响。一般回风巷或人行巷遇到陷落柱，可以绕陷落柱进行掘进，将其留在煤柱内；在综采工作面上，对于直径小于30m的陷落柱，若位于机头或机尾时，则用绕过的方法。

（3）移位改道或重开切眼

移位改道或重开切眼是指主要在开拓或采准巷道掘进和工作面回采过程中遇到既无法避开又不宜强行穿过的陷落柱时，只能修改原设计，移位改道，或重开切眼或更改采煤方法，以避免陷落柱的危害。对于直径大于30m的陷落柱，均采用工作面搬家移位改道或重开切眼的方法。

对于特殊的导水陷落柱，首先采用注浆的方式或提前留设足够厚的保安煤柱；注浆的方式要考虑煤层底板的裂隙率；对于裂隙较大的钻孔采用连续式单液稠化浆液注入法和双液稠化浆液注入法相结合，对于裂隙较小但裂隙率较大的钻孔采用连续式稀浆注入法和间歇式稀浆注入法相结合，对于相互连通的钻孔采用引流诱导式注入法，目的是封堵柱体边缘裂隙带及加固柱体破碎带；而后采用补道绕过或移位改道或重开切眼的方式处理。

在选择处理方法上，一般按以下原则进行：综采工作面掘进完毕，设备安装之前，先进行无线电坑道透视，测出异常区间后，打水平钻孔验证，确定其准确位置与尺寸，选取最适当的处理方法，可以缩短处理时间，减少经济损失。

以上喀斯特陷落柱的处理要求和方式，是实际经验的总结，要以有利于生产、保证安全、减少煤损、少掘巷道、经济合理为前提，结合具体的条件，力求正确地进行选择和应用。

第七节　煤系中的层滑构造

层滑指岩层与岩层之间的滑动。层间滑动是地质构造运动的一种作用，任何层状岩石在构造变形过程中都会发生层间滑动。当一套层状岩石受到顺层挤压而弯曲成为褶皱时，相邻岩层之间常常发生不同程度的层间滑动；而顺层断层则是顺着岩层层面、不整合面等先存面滑动的。煤系地层中的层间滑动多发育在煤层与其顶底板之间、煤层内部以及煤系中其他软、硬岩层的界面上。煤层、顶底板泥岩、砂质泥岩等软弱岩层易成为层间滑动的滑移面或滑移带。

岩层的层间滑动，导致硬岩破碎，软岩揉皱或成为滑面，原岩的层理、结构被破坏，滑面上有糜棱泥，且常保留明显的滑动擦痕。当煤层发生层滑时，因受到强烈挤压搓揉而使结构及机械强度改变，形成构造煤，煤质松软，呈碎裂状、碎粒状、鳞片状、粉末状、泥状等。在剖面上煤层结构具明显的成层性。

在岩层的滑动过程中，不同岩石因其物理 – 力学性质不同，形变特点各异；在岩（煤）层的层面、层组及层内形成伴生的特殊构造形迹，称作层滑构造。煤系中的层滑构造普遍存在，规模有大有小，形态多样。

一、层间滑动伴生构造的形态

（一）伴生断裂构造

在层滑过程中，在顺层剪应力的作用下，使相对较硬的岩层产生脆性断裂，并组合成多种样式。

（1）平行小正断层。此类小断层或发育于煤层顶板底板，断距较小，往往为顶断底不断或底断顶不断，剖面形态呈书斜状；或发育于煤层内部夹矸中。

（2）阶梯状断层。当岩、煤层受单向顺层平拉且作用力较大时，形成一系列同向正断层，切割煤层，剖面上呈阶梯状。

（3）勺状断层。当煤层的顶（底）板为砂岩或灰岩等较硬岩层时，层滑作用将煤层中所产生的顺层断层与小角度切层断层联结起来，组合成一条倾角和倾向都不同的、在剖面上呈弧形的断层，常常导致煤层被剥蚀而变薄甚至缺失。例如，皖北矿区发育的底板顺层滑动产生的勺状断层和顶板勺状断层，这种构造现象看似冲刷，在矿井地质编录中常被误判为古河床冲刷带。

（4）垒堑型及"y"字形、反"y"字形断层。硬岩夹层（如煤层顶、底板中的厚层砂岩），在双向拉伸作用下，沿滑面上产生的断裂，常表现为走向基本平行、倾向依次相反的一系列小正断层，剖面上组合成地垒、地堑。在顺层滑动时形成的正断层，有时还表现为"y"或反"y"字形。

（二）伴生小褶皱

在层间滑动过程中，煤层及其顶（底）板所形成的塑性变形构造，往往出现滑面上下不协调现象，有顶褶底平型、底褶顶平型、顶底共褶型等。在大型层间滑动中，当滑面距煤层较远，可使煤层与其顶底板岩层组合在一起共同滑动，揉皱成各种各样的褶曲形式。

（三）穿刺构造及煤层中的混杂岩块

煤层的顶（底）板岩层在层间滑动过程中沿破裂面插入煤层，或煤层挤入顶板中，形成楔状、刺状体，称为穿刺构造；若刺状楔状岩体脱离原岩而孤立地存在于煤层中，称为混杂岩块。岩层穿刺的表现形式主要有以下几种。

（1）顶（底）板岩层尤其是伪顶，在滑动中沿煤层的破裂面插入煤层，其根部未脱离原岩层，形成刺（楔）状混杂岩块，也有煤层挤入顶板裂隙中形成煤刺。刺（楔）状岩块形态不规则，棱角明显。其规模大小不一，小者不到1m，大者能占据整个中厚煤层，形似岩墙；多为砂岩或灰岩类等脆性岩石；顶（底）板岩层插入煤层，可造成煤层分叉变薄。

大同石炭纪、侏罗纪煤层中也多处见到顶底板岩层挤入煤层的现象。顶板岩层挤入煤层者，状似门帘，当地称之为"石门帘"。"石门帘"水平延长数米至数十米，厚为数厘米至数十厘米。其与煤层的接触面上可见擦痕，有推测认为系差异压实所致。在巷道掘进中揭露"石门帘"时，易被误判为高角度断层。

（2）顶（底）板岩层在滑行过程中以强烈揉皱的形式挤入煤层中，形成卷曲状混杂岩块。这种岩块多为泥质岩类，岩块层理弯曲变形，与煤层产状呈不协调关系，揉皱强烈者呈包卷状。在皖北、徐州等矿区所见此类岩块长可由数米至数百米，宽由数米至数十米，厚由 0.1m 到数米不等。

（3）煤、岩层遭受强烈滑移挤压，刺状或卷曲状岩块进一步发展，与原岩脱离，成为椭球状混杂体。块体近似椭球，边缘圆钝，大小在 0.5 ～ 2.0m，孤立地存在于煤层中，与同生或成岩作用形成的包体相似，单个出现或多个呈雁行排列出现。

（四）劈理、片理构造

在层滑过程中形成的劈理主要发育于主滑面附近，呈 "S" 形或弧形。例如，山东肥城陶阳矿沿煤层顶界面滑动中，使滑动面之上的顶板岩石中出现 S 形劈理，滑动面之下煤层中出现片理化煤带。

二、层滑构造对煤矿生产的影响

层滑构造在煤层及其顶、底板间普遍发育，对煤矿生产有多方面的影响。

（1）层滑伴生褶曲构造造成煤厚突变，使煤层局部增厚与变薄，有时会形成一定范围的不可采区或无煤区，降低了煤炭储量的可靠性；同时由于煤厚的复杂变化，增加了开采难度。

（2）穿刺构造使煤层分叉变薄，降低了煤层的可采性，也使煤层的灰分大大增加。

（3）层滑构造对顶底板的破坏，降低了顶底板岩层的抗剪强度，可引起局部水文地质条件的变化，使煤层顶底板含水层突水的可能性增加。层滑剥离导致煤层顶底板原有的隔水层厚度变薄，并在隔水层内产生破碎带和裂隙带，降低了隔水层的有效厚度和强度，从而对矿井产生水害威胁。

（4）层滑构造促使矿井瓦斯富集，层滑构造带往往是煤与瓦斯易突出部位。

（5）层间滑动使煤层顶板产生劈理，增加了破碎程度，易发生冒顶事故，给顶板控制和巷道支护带来一定困难。

矿井地质构造观测、探测、预测与处理

第一节　褶皱的观测、探测、预测与处理

一、褶皱的观测

（一）褶皱的识别标志

褶皱构造的识别标志如表 5-1 所示。

表 5-1　褶皱构造的识别标志

标志		背斜	向斜
产状	岩层相向，相背或同向倾斜；地层界线、煤层等高线弯曲	岩层向上弯曲，两翼相背倾斜	岩层向下弯曲，两翼相向倾斜
底层	地层呈对称性重复	核部地层较老，翼部地层较新，老地层两侧对称地排列着新地层	核部地层较新，翼部地层较老，新地层两侧对称地排列着老地层

（二）褶皱的观测内容与观测方法

褶皱构造的观测内容与观测方法如表 5-2 所示。

表 5-2　褶皱构造的观测内容与方法

项目与内容	工作方法
确定两翼产状	两翼产状可在地表和井下测定，也可从地质图、水平切面图和煤层等高线图上求得
判断轴面产状	轴面产状可根据两翼产状，通过编制褶曲横剖面图来确定；也可根据两翼产状用赤平投影方法先求出枢纽产状，再根据枢纽与轴迹或枢纽与翼间角平分线共面的原理，用赤平投影方法求轴面产状

项目与内容	工作方法
确定枢纽及轴迹产状	枢纽位置、标高、方向和倾伏角的确定对矿井地质非常重要，其确定方法概述如下：（1）巷道中实测。小褶曲枢纽位置、方向、标高和倾伏角可在巷道两壁枢纽出露点实测；较大的宽缓褶曲，则需测定两翼产状，通过绘制剖面图和平面图来确定 （2）采用多条剖面控制。枢纽位置、标高、方向和倾伏角可用多条横剖面图、沿枢纽方向的纵剖面图，以及平面图来控制和了解 （3）根据上部已采煤层资料推断。在推断时，对于不对称褶曲，需要查明轴面产状，并以此为基础结合煤层层间距来推断下部煤层中枢纽的位置；对于不协调褶曲，需在查明变化规律的基础上推断 （4）根据褶曲两翼产状推测。根据大量测定的两翼煤、岩产状，运用极射赤平投影方法，可求出枢纽的倾伏向和倾伏角 （5）根据地质图上地层界线的变化和区域构造线方向推断。地质图上地层界线不平行、弧形弯曲，以及褶曲核部岩层出露宽度变化等，均表明褶曲的倾伏多变；区域构造线的方向可用来推断枢纽的方向，作为新开拓区进行补充勘探和划分采区边界的依据 （6）实际控制与外推相结合。边掘、边测、边探，保证巷道沿枢纽掘进
确定褶曲波长与幅度	褶皱波长与幅度可用来了解褶曲的规模和紧密程度。除井下实测外，主要从剖面图和煤层底板等高线图上确定
判断褶曲转折端的形态	褶曲转折端形态和褶皱两翼夹角可用来了解褶曲的紧密程度。小褶曲可在巷道中直接确定；较大褶曲可通过横剖面图、地质图上地层界线弯曲形态、煤层底板等高线图上等高线的弯曲形态来认识
分析判断褶皱组合形态	通过分析褶曲轴迹在平面上的排列情况和褶皱在剖面上的组合特征来判断褶皱组合形态
研究褶皱内部的小构造	研究褶皱内部小构造（小褶皱、小断层、劈理等）的产状、形态、性质和分布特点，有助于认识主褶皱的形态、产状，了解主褶皱的形成机制和变形历史。可通过地质编录、绘细部素描图收集小构造资料，查明与主褶皱的关系
研究褶皱向深部的变化趋势	系统分析剖面图、各水平切面图和各煤层底板等高线图，配合钻探物探手段，可查明褶皱往深部的变化趋势和变化规律，进行深部构造的预测
研究褶皱形成时期	根据角度不整合分析法、岩性厚度分析法、同位素年代测定法和相互切割关系等方法确定褶皱形成时期

续表

项目与内容	工作方法
查明褶皱对煤层厚度、结构、瓦斯富集、地下水赋存和顶板稳定性的影响	通过系统的资料收集和综合分析,掌握煤层变化、瓦斯与地下水的赋存、顶板稳定性与褶皱的关系,从而指导煤层的合理、安全开采
其他注意问题	(1)注意煤岩层层位的分析与对比 (2)注意褶皱不协调性 (3)注意褶皱发展为断层的可能性 (4)注意倾伏褶皱端煤层等高线的曲率 (5)注意倒转褶皱的正常翼与倒转翼

二、褶皱的探测

褶皱构造的探测是在充分利用已揭露的各种资料,通过作图分析,初步判断其类型、规模和分布范围之后,对尚未控制的区段布置补充勘探工程予以查明。井下褶皱构造探测通常采用巷探和井下钻探,如表5-3所示。

表 5-3　褶皱构造的探测方法

探测方法	工作布置
巷探	沿背斜两翼布置工作面,背斜枢纽的确定。用调整巷道施工顺序解决,即掘进时先施工背斜两侧工作面的运输巷,然后再掘开切眼,以控制背斜枢纽的位置和方向,并依此方向向材料上山中枢纽位置挂线掘进,既控制背斜枢纽,又完成了回采准备工作
	向斜枢纽的探查。多采用由下水平石门向上部煤层的向斜槽底掘立眼的方法,既可探清向斜枢纽的确切位置,又可作为将来回采时的放煤眼
	褶皱复杂煤层变化急剧时,褶皱的探查往往采用多条探煤石门控制,并在此基础上,用煤巷查明
井下钻探	当石门资料不足以控制褶皱的基本形态或下部延深水平的褶皱面貌尚未查清时,需在石门中的相应位置,向预计褶皱枢纽部位或翼部,布置钻孔查明

三、褶皱的预测与处理

(一)大型褶曲

大型褶曲的轴线多作为井田边界,其两翼分别由两个井田开采(井田边界处应留设 40m 以上的井田隔离煤柱）。

大型褶曲包括在井田之内，在开拓部署时，常常把总回风巷布置在背斜轴附近，将总运输巷布置在向斜轴部附近。

（二）中型褶曲

中型褶曲对采区布置的关系密切。处理方法一般有以下 3 种。

（1）褶曲轴作为采区的中心

以褶曲轴作为采区的中心布置采区上山或下山，既便利于运输和减少丢煤，又能节省巷道。

（2）褶曲轴线作为采区边界

当紧闭褶曲轴部的次一级褶曲和断裂发育时，往往以褶曲轴线作为采区的分界线。

（3）工作面直接推过褶曲轴

当褶曲较宽缓时，采取工作面直接推过褶曲轴的处理方法。

（三）小型褶曲

在开掘准备巷道时见到小褶曲有以下处理方法。

（1）重新开掘开切眼

小型褶曲使煤层厚度产生变化，造成工作面无法推过，需重新开掘开切眼。

（2）进行巷道改造

小型褶曲使煤层产状变化，造成煤巷弯弯曲曲而不能满足生产要求，需进行巷道改造取直工作。通常采用下段风巷超前（超前约 100m）上段刮板输送机道掘进，待摸清风巷地质构造后，再掘上段刮板输送机道，做到刮板输送机道一次掘成，避免人力、物力的浪费。

第二节　断层的观测、探测、预测与处理

一、断层的观测

（一）巷道遇断层前的可能征兆

断层在形成过程中，煤、岩层受断层错动的影响，往往在断层附近出现很多地质变化，这些地质变化成为遇断层前的各种预兆，如表5-4所示。根据这些预兆，可以预测采掘前方出现断层的可能性，以便及时采取措施，做好过断层的准备。表中所列仅是可能征兆，并非所有断层附近都会出现。有些征兆还要与其他因素综合考虑，在做掘进的断层预报时要仔细观察、具体分析。

表5-4　巷道遇断层前的可能征兆

征兆	地质特征
煤、岩层产状发生突变，伴生与派生褶皱发育	由于断层两盘相对错动，断层附近煤、岩层受到牵引变形，使煤、岩层产状特别是倾角发生异常变化。与断层相关的褶皱都是一些曲率半径小、两翼倾角陡的小褶皱
煤层顶、底板出现不平行现象	由于煤层较松软，与顶、底板岩石力学性质差异较大，受到断层揉搓，易发生不均一的局部变形，造成顶、底板岩层产状不一致，层面不平行的现象
煤层出现厚度变化、揉皱和破碎现象	接近断层处，煤层经常出现增厚变薄、揉皱发育、结构破坏、滑面增多等现象；煤被搓碎呈角砾状、粉末状、磨棱状或鳞片状，光泽普遍变暗
煤层及顶、底板中裂隙显著发育	随着巷道逐步接近断层，裂隙组数增多，密度增大，但紧靠断层面附近，裂隙密度又有减小的趋势
瓦斯涌出量显著增加	瓦斯大的矿井，巷道接近断层时，水沟里有冒气泡现象，煤壁上有吱吱的喷气响声，瓦斯涌出量普遍增大

巷道出现滴水、淋水、涌水现象	充水性大的矿井，巷道接近断层时，往往出现滴水、淋水和涌水现象
火成岩侵入体突然出现	火成岩可能沿断层带侵入含煤岩系，煤层变质程度增高，甚至变成天然焦

（二）断层存在标志的识别

1. 构造标志

地质界线、构造线和煤、岩层层位突然中断错开，岩层产状发生剧烈变化，断层伴生及派生构造形迹出现，以及煤巷壁上出现顶底板岩石三角区等现象，都是断层存在的标志。有关这方面的知识，将在断失煤层寻找部分一并介绍。

2. 地层标志

在层状岩层地区，地层的重复或缺失现象，是断层存在的重要标志。地层的重复与缺失，也可能由褶皱、假整合和不整合等原因造成。应该指出，褶皱造成的重复是对称式重复，而断层造成的重复是顺序式重复，假整合和不整合造成的缺失是大面积的区域性缺失，而断层造成的缺失则是局限于断层附近。

3. 地形、地貌标志

地形、地貌、水文等方面的表象只是断层判别的间接标志，它们的出现只能表明断层可能存在。这些标志是断层三角面、水系突然以折线改变方向、山脊错断、温泉及地震震中沿一定方向呈带状分布、湖泊及洼地等呈带状断续分布、小型侵入体的线状分布和矿化带的出现等。

（三）断层的观测内容与方法

1. 断层位置的观测

地表断层可用目测法或仪器法标定在地形地质图上；井下断层要从巷道的已知点或其他已知点测量至断层的方位和距离，据此绘入采掘工程平面图。当断层面成组出现时，则要分别测出各断裂面的位置，并找出重要断裂面。

2. 断层面的特征观测

断层面的特征观测内容包括：断层面的形态特征，如平直的、舒缓波状的、锯齿状的、粗糙的、平滑的、闭合的或张开的；有无擦痕，有几组，谁先谁后，有无矿物落膜、纤维状晶体和阶步，判别相对滑动方向和次数。要注意擦痕侧伏向测定的规范化，特规定断层走向与擦痕倾伏向的锐夹角为擦痕侧伏角，构成该锐角边的断层走向一端的方位为擦痕侧伏向，这与分析构造时采用下半球极射赤平投影相一致。

3. 断层带特征的观测

断层带特征的观测内容包括：断层带的宽度及内部分带的情况；带内构造岩、应力矿物和表生矿物的成分、分布、力学与地球化学属性，特别注意碎裂块屑的成分、大小、形状、排列和胶结情况，片状矿物和构造透镜体的排列方向，采取必要的样品和定向标本，供分析化验和做岩组分析；断层带内瓦斯涌出的变化，滴水与淋水现象，有无岩脉与矿脉充填情况，等等。

4. 断层两侧岩层层位、产状、伴生与派生构造的观测

其内容包括：确定断层两侧煤、岩层层位；测量正常地段和断层影响地段的煤、岩层的产状要素；观测煤层厚度变化、牵引现象、伴生小断层、派生羽状断裂、人字形分支构造、帚状构造及其他旋卷构造等。它们是确定断层性质、鉴别力学属性、寻找断失煤层的可靠依据。

5. 断层产状与断煤交线的测量

断层产状与岩层产状的测量方法相同，只是断层产状的变化较大，要注意产状测定的代表性。产状变化的原因很多，主要是由于断层穿过不同的岩性层或追踪不同方向断裂面所引起。断煤交线的实测方法是在巷道两壁上找出同一盘断煤交线上的两个点，用线绳连接该两点，用罗盘测量出线绳的倾伏向与倾伏角，即为断煤交线方向。

二、断层的预测

对矿井未采掘地区的断层展布规律、组合形式和复杂程度预测的目的，是正确划分采区，布置采煤工作面和选择综采场地。预测方法以地质规律预测方法为主，几何作图预测和数理定量预测方法为辅。

（一）总体构造规律预测

1. 根据构造组合展布规律预测

矿井构造展布具有一定的规律，组合呈固定的型式，并经常相互复合，构成

一幅复杂的综合图像。切实掌握与恰当运用这些规律是矿井构造预测的基础。

（1）构造展布规律

构造展布是指构造在空间的分布与延伸特征。构造展布具有一系列规律性，可概括为构造方向性、成带性、似等距性、递变性、分区性和成层性等，如表5-5所示。

表5-5 构造展布规律

构造展布规律	表现特征、类型划分、使用经验
方向性	在相当长的距离内，构造具有沿一定方向稳定延展的性质，即在三维空间上具有一定的产状。这是区域构造应力具有方向性的缘故 在研究构造方向性时，要重点查明不同的构造作用时期的区域构造应力场状态和构造方向，分析引起构造方向改变的具体构造、岩性介质和局部应力场状况，逐步掌握构造方向的变化规律和形成原因，为合理进行构造延展、准确进行构造预测提供依据
成带性	构造沿一定方向或构造部位密集呈条带状分布的性质。这是地壳中应力聚积和释放有时呈条带状分布的缘故 研究表明，强岩层中构造带较窄，构造较集中；弱岩层中构造带较宽，构造较分散。按构造带中断层的组合型式分为： （1）平行式。由平行排列的断层组合成的断层密集带 （2）交叉式。由不同方向的断层相互交叉组合成的断层密集带。一般分布在张性、张剪性应力集中带上，断层越小，断层带越宽 （3）雁列式。由雁列式斜列断层组成的断层密集带。断层带总体方向与单条断层方向有一个较小的交角。按断层排列方式不同，又分为右列式和左列式。一般分布在剪应力集中带上 （4）追踪式。由追踪先成共轭剪节理面发展而成的锯齿状断裂带。一般发生在先剪后张的局部应力集中带上。规模不大，延伸不远 （5）断续式。由小型断层沿一定方向断续分布所显示的断裂带。在褶皱轴部和扭折带上常出现这种张性断裂带 （6）弧环式。断裂带常沿构造穹隆或盆地呈弧形或环形分布在张应力集中带上 在研究构造成带性时，要注意分析构造应力局部集中带的分布，这些地带经常出现在褶皱轴部、岩层倾角突变带、大断层影响带与消失端、含煤岩系岩性岩相和厚度变化带。查明构造的成带性，预测小型构造的密集带和稀疏区，对于合理分布采煤工作面具有重要意义

构造展布规律	表现特征、类型划分、使用经验
成带性	同级构造具有大体呈现镜像反映配置的性质。构造对称性表现在三个方面： （1）构造复杂程度对称。在构造复杂地带两侧，经常出现构造相对简单地带；在构造简单地带的两侧，往往出现构造相对复杂的地带 （2）褶皱构造对称。在背斜构造两侧出现向斜构造；在向斜构造两侧对称出现背斜构造。与褶皱构造伴生和派生的层间拖曳褶皱、层滑薄煤带、叠瓦式逆断层、书斜式正断层、扇状与反扇状劈理、平面与剖面上的大型共轭断裂，均与主褶皱轴面对称 （3）轴对称。放射状断裂与环形断裂大体有一对称轴，该轴通常位于穹隆构造的顶点 研究构造对称时，不能忽视干扰和破坏构造对称性的诸多因素，如构造作用的期次、断块位移的大小、岩块物理力学性质差异和后期剥蚀破坏等。一般来说，构造对称性出现在岩块物理力学性质相近、大型断层不发育的褶皱地区
似等距性	在相同的构造环境中，相邻的同级构造或构造带之间具有大体等间距的性质。这是地壳中应力的聚积、变性、释放、再聚积，遵循波动传递规律的缘故 按构造似等距性形式不同，可分为并列等距、雁列等距、弧形等距、环形等距和放射状等角距5种类型 在研究构造似等距性时，应重点分析构造似等距性出现的各种条件。相近的构造环境、相同的构造级别、相似的岩石物理力学性质、稳定的受力方向和强度等，是似等距性出现的前提条件
递变性	构造疏密程度和复杂程度具有逐渐过渡的性质。它是在构造等距性和对称性控制的格局下表现出来的局部特征，即从构造带向外的一定范围内，伴生与派生构造由密到疏、由复杂到简单逐步递减。这是因为构造应力在传递过程中因变形释放逐渐减弱 利用断层旁侧相关节理和伴生小断层的密度变化规律，可预测主断层的位置、产状和规模
分区性	一个矿区或井田，可按构造展布特征、组合型式和复杂程度的差异，划分出性质不同的区域。这是构造发育不均一性的客观反映。 在研究构造的分区性时，关键是建立合理的构造分区框架，在拟定构造分区框架时，主要考虑不同区域构造的组合展布特征、构造形迹的强度与密度差异，并利用主要断层、褶皱框组、倾角突变线和岩性分界线等差异性，同一分区具有相近的一致性。科学的构造分区是合理选择采掘方式的重要依据
成层性	成层性是指构造局限在某一层或层段内分布的性质。这些层或层段常是夹在强硬岩层中的软弱岩层。构造成层性是顺层剪切作用造成的，常形成大型的滑脱构造和小型的层滑构造。它们是煤田中常见的构造类型，前者对找煤有重大意义，后者对煤矿正常与安全生产影响极大

（2）构造组合型式

构造组合型式是指具有成生联系的各种构造，按照一定的标准型式组合而成的构造集合体。这种标准型式，李四光称为构造型式。它是在一定地质时期内、一定方式构造运动作用下产生的一幅应变图像。确立一个构造型式必须满足以下3个条件：

①构造型式在地壳中普遍存在，迭次出现。

②构造型式能够应用力学理论得到完善而又统一的解释。

③构造型式可以通过模拟试验再造出来。

根据李四光的概括，结合煤矿构造研究与预测实践，将构造型式的基本类型和主要特征归纳于表5-6中。

表5-6　构造型式及其特征

构造形式	主要特征
东西向构造带（纬向构造带）	其主体是东西向剧烈挤压带，由一系列褶皱和压性断裂组成。同时有剪断裂与之斜交，张断裂与之垂直。同级纬向构造带之间大体具有等距性的特点。我国巨型纬向构造带有阴山—天山构造带、秦岭—昆仑构造带、南岭构造带
南北向构造带（经向构造带）	其主体有的表现为南北向的巨大张裂带，有的为南北向的压性或压剪性的构造带。我国境内主要为压性或压剪性构造带、由一系列褶皱和压性断裂组成，同时有剪断裂与它斜交，张断裂与它垂直。我国经向构造带呈现出北弱南强、东弱西强，最显著的有川滇构造带、黔桂构造带、湘桂构造带等
多字型构造带（雁列构造）	主要由一系列呈雁行排列的压性或压剪性构造形迹和与其基本直交的张性、张剪性断裂组成，总体形态像"多"字；有时压性或压剪性构造形迹、张性或张剪性断裂也可分别单独成雁行排列。此外，与上述两组主体构造线相伴生的还有两组剪性断裂，与剪力近平行的一组兼具张性，与剪力近直交的一组兼具压性。我国境内的多字型构造有：新华夏系。其主体构造线走向为N18°～25°E，主要分布在我国东部，活动时期为中生代晚期，由沉降带和隆起带组成一级多字型构造，或由短轴背、向斜组成低级多字型构造。无论隆起带或沉降带，背斜或向斜均不对称。隆起带与背斜东南翼陡，西北翼缓，沉降带与向斜东南翼缓，西北翼陡，沉降中心均偏于陡翼 华夏系：主体构造线走向为N45°E左右，主要分布在我国东部，活动时期主要在古生代末、中生代初，开始发育的时期可能更早。由褶皱带、压性或压剪性断裂带、变质带所组成

构造形式	主要特征
多字型构造带（雁列构造）	华夏式：主体构造线与华夏系相近，但其活动时期较新，约为白垩纪、第三纪，大致与新华夏发育的晚期相当，主要分布在我国东部 河西系，主体构造线为 N15°～30° W，由大致平行斜列的隆起带和沉降带、褶皱、冲断层所组成，并有张性和剪性结构面相伴生。分布于我国西北部甘肃和青海交界地区 多字型构造中，同级构造在总体上具有等距性特点
棋盘格式构造（网状构造）	主要由两组交叉共轭剪裂面组成，把岩块切割成方形或菱形格状，一般出现在岩层平坦、岩性均一的地区。可以由水平挤压或水平剪切作用形成。棋盘格式构造中，同级构造大体上具有等间距性
人字型构造（羽状构造）	由主干断裂及派生的分支断裂或褶皱所组成。主干断裂以剪性为主，也有压剪性、张剪性断裂。分支构造与主干构造呈锐角相交，但不穿越主干断裂，形如"人"字 当分支构造为褶皱或压性、压剪性断裂时，其与主干构造所夹的锐角尖指向主干断裂对盘的运动方向；当分支构造为张性、张剪性断裂时，其与主干断裂所夹的锐角指向本盘的运动方向
山字型构造	山字型构造是一种比较复杂的构造型式，它的总体形态像"山"字，由下列各部分组成： （1）前弧。是由若干大致平行的挤压带，包括褶皱、冲断层、片理带等为主干而组成的弧形构造。与其伴生的构造形迹中还有与它垂直的放射状张性断裂和与它斜交的扭性断裂。前弧中部或最大弯曲部分叫弧顶，由弧顶向两侧延展部分叫两翼。弧顶曲率最大，横张断裂发育，常造成陷落地堑，有时还有小型岩浆岩体侵入。两翼兼有剪动作用，褶皱或槽地往往呈弧形斜列，并有逐渐撒开的趋势 （2）脊柱。在前弧内侧的中间部位，由与前弧垂直的挤压带构成。一般正对弧顶，但不抵达弧顶更不穿过弧顶 （3）马蹄形盾地。位于脊柱与前弧之间、形似马蹄状的地区，构造形迹相对比较微弱，是个比较稳定的地块 （4）反射弧。前弧两翼撒开方向末端的反向弯曲部分 （5）反射弧脊柱或砥柱。反射弧内侧有时也出现挤压构造带，称为反射弧脊柱；有时存在构造形变微弱的坚硬地块或岩块，称为反射弧砥柱 北半球的山字型构造绝大部分是弧顶朝南，而南半球的山字型构造则弧顶朝北。无论北半球或南半球都有弧顶朝西的山字型构造。我国境内已确定的山字型构造有20余个，规模最大的是祁吕贺山字型构造，其次有淮阳山字型、广西山字型构造等

帚状构造	主要由一系列向一端收敛、向另一端撒开的弧形断裂或褶皱群组成，形如扫帚，故各弧形的内侧往往有砥柱或旋涡出现。根据弧形结构面的力学性质可分为压剪性和张剪性两种 （1）压剪性帚状构造。弧形构造为褶皱或压剪性断裂。这种构造外旋向撒开方向、内旋向收敛方向剪动 （2）张剪帚状构造。弧形构造为张剪性断裂。其外旋向收敛方向、内旋向撒开方向剪动

（3）构造复合转化关系

经受多次构造运动作用和递进变形的地区，构造呈现出错综复杂的综合图案。只有区分出不同期次和不同时代的构造形迹，查明前期构造对后期构造控制与干扰、后期构造对前期构造的利用与改造关系，才能切实掌握矿井构造的成生规律，才能科学地预测矿井构造和阐明它们对生产的影响。结合我国煤矿构造的实际情况，重点介绍大陆板内浅层次沉积岩区经常发生的构造复合和构造转化现象。

①构造复合

构造复合是指不同期次的构造，在同一地区发生的叠加现象，又称构造叠加。经过叠加的各期构造，基本上都保持着它们固有的特征与排列方位。依据构造体系复合的观点，李四光将构造复合概括为归并、交接、包容、重叠4种类型，如表5-7所示；依据不同构造类型叠加的观点，可将叠加构造分为叠加褶皱与复合式断层，如表5-8所示。

②构造转化

构造转化是指同一个构造在不同构造期或同一构造期的不同构造世代的应力作用下，构造性质和方向发生的转换，形成既反映新构造特征又隐含老构造踪迹的转化型构造。它包括结构力学性质的转化、构造反转和构造方向转化等。

表5-7　构造体系复合类型

复合类型	基本特征
归并	较新的构造形迹迁就、利用已有的构造成分，使较老的构造成分略受改造而归入新的体系，这种现象称为归并。例如，张裂隙迁就利用两组剪裂隙发育成追踪张裂隙

复合类型		基本特征
交接	重接	两组构造带走向一致，互相重合，很少改变各自的形态面貌，称为重接。例如，经向构造带与山字型构造脊柱重合
	斜接	两组构造带走向相近，交叉角度小于45°，各自保持原有走向形态，称为斜接。例如，纬向构造带与山字型构造前弧或反射弧斜接
	反接	两组构造带走向差别较大或近于垂直相交，各自保持原有走向及形态，称为反接。例如，新华夏系构造与纬向构造反接
	截接	两组构造带，其中一组切断另一组，称为截接。例如，新华夏系压性断裂切割纬向构造
包容		一个构造体系范围内，包含着和它没有成生联系的另一个构造体系的全部或局部，这种现象称为包容。例如，山字型构造中包含帚状构造
重叠		在晚近地质时期大规模上升或下降地区，早先形成的构造体系，有时受到另一构造体系的影响，以致前者有一部分发生隆起，而另一部分发生沉降。因此，升高部分显得加强，但实际上原来的构造并未加强；而沉降部分显得削弱，但实际上原来的构造并没有削弱。这种复合现象称为重叠。

表 5-8　构造体系复合类型

叠加构造类型	鉴别特征
叠加褶皱	（1）两组褶皱交叉，背斜与背斜叠加形成穹隆或短轴背斜；向斜与向斜叠加形成构造盆地或短轴向斜；背斜与向斜叠加形成马鞍形状，从而导致穹隆与盆地呈现较规则的点阵式和行列式排列 （2）有横跨褶皱的地区，褶皱枢纽上下起伏频繁，左右摆动剧烈，呈正弦曲线形状。褶皱轴线常呈弧形展布，或蜿蜒曲折，在两组构造线交会部位，延展方向逐渐过渡。此外，地层界线、煤层露头线和煤层等高线协调一致的弯曲，也是横跨褶皱存在的标志
复合式断层	早期断层在后期构造作用下发生再次活动，力学性质、位移方式发生明显变化。复合式断层的鉴别特征如下： （1）在同一断层带中，力学性质矛盾的构造岩相相互共存和彼此分割。例如，棱角尖锐、大小悬殊、杂乱无章的张裂角砾岩，被压裂面切割，并出现平行于压裂面的构造透镜体，说明该断层经历了先张后压的转变 （2）在同一断层面上存在多组擦痕。后期擦痕总是掩盖和分割先期擦痕；先期擦痕不如后期擦痕明显和发育 （3）同一断层的伴生与派生构造出现反常的力学性质、配置方式和切割关系。例如，正牵引力和逆牵引力共存 （4）先期断层面被后期构造作用改变产状

（4）各类结构面力学性质的鉴定

无论分析构造的展布规律、组合型式还是复合转化关系，都离不开对各类结构面的仔细研究，尤其是结构面力学性质的鉴定，它是研究构造的基础。

结构面按力学性质可分为3种基本类型和两种过渡类型：

①压性结构面（简称挤压面）。例如，褶皱轴面、逆断层或逆掩断层面、片理面、流劈理面等。结构面走向线与压应力垂直。

②张性结构面（简称张裂面）。例如，一部分正断层、张节理面等。结构面走向与张应力垂直。

③剪性结构面（简称剪裂面）。例如，平移断层面、剪节理面、破劈理面等。结构面平行最大剪切应力作用面。

④压性兼剪性结构面（简称压剪性结构面）。例如，一部分斜冲断层（平移逆断层）、一部分斜列的不对称褶皱。它是压应力、剪应力复合作用。

⑤张性兼剪性结构面（简称张剪性结构面）。例如，一部分斜落正断层（平移正断层）。它是张应力、剪应力复合作用的结果。

2. 根据构造应力场与应变场特征预测

各种构造形迹都是岩层受力变形的产物。研究矿区范围内一定地质时期的构造应力和应变场特征，包括：恢复主应力轴的方向和大小；测量主应变轴的方位和应变量。对于阐明构造的形成机制和演化序列，预测构造的发育状况与展布规律，都具有重要意义。构造应力场与应变场的研究方法有地质解析、物理模拟与数值模拟等方法。

3. 根据构造复杂程度分区预测

正确评定矿井不同地段的构造复杂程度，并在此基础上合理地进行构造分区是矿井构造预测经常采用的方法。在进行构造分区时，应该把定性规律与定量参数结合起来；把构造分区与采掘方式选定结合起来。

（二）已知断层的延伸预测

已知断层的延伸预测是指对揭露不充分断层的延展方向、长度、深度和各点断距所进行的预测。预测目的为采煤工作面布置和巷道掘进服务。预测方法如表5-9所示。

表 5-9　断层延展预测方法

方法名称		基本原理
断层延展长度与断距预测	落差变化梯度法	同一条断层一般中部落差最大，向两端逐步变小至零。同一矿区或矿井，力学性质和方向相近的断层，其延展长度与最大落差之间成正比例关系。据此，只要根据大量已知断层资料，统计出各组断层的落差变化梯度，即可推算出揭露不充分的同组断层的延展长度、消失点位置和各点落差
	相关方程法	根据大量已知断层资料，建立断层最大落差与延展长度的相关方程，据此推算揭露不充分断层的延展长度或最大落差。由于不同矿井、同一矿井不同方向和性质断层的相关方程不同，因此各个矿井都应独自建立适用于本矿井不同方向和性质断层的相关方程
断层延展深度预测	相关分析法	断层的延展深度受岩层的物理力学性质、断层的规模与产状、断层形成时的应力状况等因素的控制。预测时必须综合分析下列因素： （1）分析煤层间岩层的物理力学性质。脆性岩石传递应力远，断层延深较大；塑性岩层传递应力近，断层延深较小，或者为褶皱所代替 （2）分析断层产状情况。一般情况下，倾向断层比走向断层、反向断层比同向断层、倾角大的断层比倾角小的断层切割深度较大。这是因为后一种情况断层容易迁就岩层面使滑动面消失 （3）研究断层穿过不同岩性时的产状变化规律。由于不同岩性层的剪裂角大小不同，因此断层穿过不同岩性层时，倾角要发生变化。一般穿过脆性岩层时断层倾角变陡，穿过塑性岩层时倾角变缓 （4）分析外力来自何方。受基底断层影响的盖层断裂，断距下大上小
断煤交线延展方向推测	平面展开图法	由于断层面与煤层面在小范围内可以近似看作平面，因此只要已知断层产状和煤层产状，即可运用平面几何作图方法求出断煤交线的倾伏向和倾伏角
	极射赤平透影法	根据断层产状和煤层产状，运用球面几何原理，通过作图方法求解空间两平面交线的倾伏向和倾伏角
	断层面等高线法	断煤交线是断层面与煤层面的交线，也是相同标高的煤层面等高线和断层面等高线交点的连线。据此，只要已知断层面和煤层面的产状，并绘出它们的等高线图，即可用作图方法求出断煤交线。根据实测得到的断层面的产状要素，将断层走向线标在煤层底板等高线上，绘比例尺和等高距相同的断层面等高线图，找出相同标高的煤层面等高线与断层面等高线的交线。这是比前几种方法简单易行的方法

（三）隐伏断层的预测

隐伏断层的预测是指根据断层影响带内异常地质标志的分布规律、影响宽度与断距的相关关系，预测采掘前方隐伏断层的产状、性质、断距和位置。其目的是为调整巷道布置和预防断层灾害服务。目前尚处于探索阶段。

1. 断层影响带特征

断层影响带是指在断层发生与发展过程中，在断层面两侧一定距离内产生一系列宏观与微观异常地质标志的地带。这些异常地质标志有：断层伴生与派生的小构造形迹；煤物理力学性质和化学工艺性质的差异；煤、岩层结构构造的带状分布；构造地球化学特征的显示；瓦斯与地下水涌出、顶板稳定性、岩脉与矿脉发育情况等的变化。但是适用于现场隐伏断层预测的标志必须满足两个方面的要求：一方面异常标志的分布宽度要大，在离断层较远处就已经清晰显现；另一方面异常标志在现场能准确识别和快速测定。经过筛选，断层相关褶皱、相关节理和煤强度变化可供现场预测使用。现将这些地质标志的形成原因、基本类型、鉴定特征和分布规律列于表5-10中。

表 5-10　断层影响带内主要异常地质标志特征

标志名称	成因与类型	特征与规律
断层相关褶皱	在空间分布上与断层有密切伴生关系的小褶皱（断层前兆褶皱）与断层形成于同构造应力场，两者属同期、同世代的伴生关系； 它只能预测采掘前方有无断层，不能预测断层的产状、性质、断距与位置	（1）煤层与顶板共同褶皱。这是相关褶皱与层间滑动派生的煤层揉皱的主要区别 （2）在所有地质标志中，它离断层位置最远，系断层影响带的边界构造。据辽宁铁法煤田的统计资料，相关褶皱距断层的距离为地层断距的20～30倍。这是相关褶皱与距离断层很近的牵引褶皱的主要区别 （3）压性、压剪性断层，尤其是断距较大的走向压性断层，相关褶皱最发育

标志名称	成因与类型	特征与规律
断层相关节理	在空间上和成因上与断层有密切联系的节理或小断层 断层影响带内节理组数多，世代复杂，大体可做如下分类： （1）背景节理。相当于岩层褶皱形成的平面 X 型共轭剪节理。其特点是垂直岩层层理 （2）断层伴生节理。它是由同一构造应力场形成的、与断层同世代的节理，相当于岩层褶皱后形成的剖面 X 型共轭剪节理。其特点是斜切岩层层理，产状和位移方式均与断层相同 （3）断层派生节理。它是由断层两盘相对运动诱导出的局部应力场所产生的低世代羽状节理或帚状节理。其特点是紧靠断层分布，出现范围较窄，与断层面斜交	鉴别与断层产状和位移方式相同的伴生节理是隐伏断层定量预测的前提。其鉴别特征为： （1）斜切层理，切割能力较强。据此可与区域背景节理相区别 （2）离断层较远位置出现，并保持在整个分布带内，其影响宽度仅次于相关褶皱，相当于地层断距的10倍左右。据此区别于离断层很远的派生节理 （3）产状稳定，延伸较长，划痕明显；随着接近断层，节理密度增加，并显现微小错动。据此区别于区域张节理 （4）与断层伴生与派生节理的极密中心处于两个极射赤平投影大圆弧上。该两大圆弧的交点，即为与断层平行的伴生节理的极点。 断层影响带内节理的分布规律如下： （1）节理组数增多。正常地区煤层中通常出现3～4组节理；邻近断层地区节理可增至9～10组。节理组数等值线高值呈平行于断层走向的带状分布 （2）节理密度增大。随着接近断层面，无论节理分组密度或总密度总体上都呈现增加趋势

2. 断层影响带划分

断层影响带划分包括：确定断层影响带边界；测量与换算断层影响带宽度；建立断层影响带宽度与断距的数学模型等内容，如表5-11所示。它是隐伏断层定量预测的关键。

表 5-11　断层影响带划分的原则与方法

工作项目	划分原则和方法
确定断层影响带边界	同一条断层影响带内，异常地质标志的分布宽度极不相同，影响边界很不一致。其中，相关褶皱分布宽度最大，相关节理分布宽度次之，煤强度降低带宽度较窄 相关节理带边界的确定方法是：首先查明正常背景地区节理组数与节理密度，然后与正常背景区进行比较。如果节理组数增加，节理密度稳定增大，则新节理组开始出现的位置就是相关节理带边界
建立断层影响带宽度与断距的数学模型	断层影响宽度与断距大小都是断层发生与发展过程中耗能多少的相对尺度。因此，在不同断层影响带中，同一异常地质标志的分布宽度与断距大小之间成正相关关系 建立断层影响带宽度与断距的数学模型或经验公式必须以大量充分揭露的断层资料为基础，并注意以下几点： （1）系统统计每条断层的产状、几何性质与力学性质、地层断距和落差、两盘岩层的代表产状，所在巷道的方位和坡度、沿巷道方向实测的煤层和岩层中相关节理带宽度 （2）按断层方位和力学性质对已知断层进行分组，并分组建立经验公式。每组断层要有足够的数量和代表性，断层条数不能少于10条，最好在40～50条以上；断距大小要包括全面，并按实际比例选配各种断距的断层 （3）在建立经验公式时，一般采用容易确定的地层断距，并将其他断距换算成地层断距 （4）在建立经验公式时，首先列表反映经过换算的相关节理带宽度、煤强度逐渐降低带宽度与地层断距的对应关系，并绘出散点图；然后根据散点图选择合理的数学模型，用最小二乘法原理确定数学模型的待定系数；最后求出相关系数，检验数学模型的相关程度

3. 断层定量预测方法

利用相邻巷道中实际揭露的断层，利用该断层的产状（进行外延）是比较可靠的方法。下述统计规律的方法，在有条件的矿井可以试行。

断层定量预测的任务是首先判断采掘前方是否有断层，如果有断层，则需进一步预测断层的产状与性质、断距的大小与位置，为合理调整巷道布置，防治断层灾害服务。预防方法与步骤如表 5-12 所示。

表 5-12　断层定量预测方法与步骤

工作项目	方法步骤
断层存在与否的判断	判断巷道前方是否有断层，要看巷道中是否出现断层影响带的异常地质标志。如果没有断层出现前的异常征兆，一切都与正常地区的背景条件相同，则巷道前方没有断层；反之如果有断层出现的异常前兆，则巷道前方将可能出现断层。在众多异常征兆中，最可靠的标志是在煤层顶底板中出现曲率半径小的紧密褶皱；或者出现斜切层理的相关节理，使节理组数增多，节理密度增大
断层产状与性质的预测	在断层相关节理中，总有一组相关节理与断层的产状和位移方式相同。因此，只要识别出这组节理，测量其产状，确定其位移方式，即可预测巷道前方断层的产状和性质。在进行断层产状预测时，最好利用节理组的优选方位，以排除个别节理产状的局部变化

三、断层的处理

从煤矿开拓设计到掘进采煤的各个阶段，妥善地解决地质构造给采掘生产带来的各种影响，特别是处理好断层对生产的影响，是矿井地质工作的一项重要任务。正确的处理来源于对地质构造的正确判断和对生产意图的深刻理解。对断层的处理既包括针对不同类型的断层进行合理的设计，也包括在采掘过程中根据新发现的构造恰当调整生产系统和采掘方向，以便在保证安全生产的情况下，最大限度地减少断层对生产的不利影响。

（一）开拓设计阶段对断层的处理

设计阶段包括由建井设计到采区设计的整个工作过程。这一阶段对断层处理的好坏，不仅影响生产的合理部署、资源的充分利用，而且还长远地影响着矿井生产条件好坏和各项技术经济指标的完成，所以必须慎重、妥善地处理。

1. 合理确定井田边界

在划分井田边界时，若有落差较大的断层存在，最好以大型断层作为井田边界，把断层煤柱与边界煤柱合为一体，以减少煤柱损失，减少开拓工程，简化生产系统和运输环节，改善矿井安全条件。大、中型矿井可以落差大于 100m 的断层作为井田边界，小型矿井可以落差大于 50m 的断层作为井田边界。如果矿井以断层为界，一般要在断层两侧各留 30m 的隔离煤柱。

2.井筒位置的选择

一般立井井筒要布置在倾角较大的断层下盘，距断层 30 ~ 50m 为宜。对于倾角较小的断层，无法避开时，要在施工过程中采取必要的安全措施，并尽可能选择煤层层数较少的部位穿过断层。井底车场位置也要尽量避开断层带。

斜井井筒也按同样原则处理，并使过断层部分的井筒尽量放在坚硬的岩石中，以减少维修工程量。

3.水平和采区的划分

（1）水平的划分

在井田范围内存在走向断层时，如果断层落差较大，断层以上的煤层等于或接近一个水平斜长时，可以用走向断层作为水平划分界限；如果被断层分割的煤层小于一个水平斜长时，可以考虑以走向断层作为辅助水平界线，但这会使提升、运输、通风、巷道维修等复杂化。

（2）采区划分

倾向断层比较发育的矿井，如果断层之间的煤层走向长度在 800 ~ 1000m 或达到 1400m 时，应尽量以断层作为划分采区的边界；如果断层之间的煤层走向长度不够一个正规采区，当断层落差小于 20m 时，采区巷道可以跨越断层布置，两盘煤层用石门连接；当断层落差大于 20m 时，可考虑布置单翼采区。

（3）开采块段划分

对于被断层切割破坏严重的地区，必须综合考虑断层的位置、落差、被切割块体的大小、形态和已有的生产系统来划分开采块断。为了避免断层对回采的影响，应尽可能地将较大的断层留在采煤工作面之间的煤柱中，如将走向断层划入阶段煤柱，倾向断层作为回采边界。如果有倾向或斜交断层，断层之间又足以布置一个走向工作面时，可以考虑顺断层走向布置倾向工作面。

（二）巷道掘进阶段对断层的处理

巷道掘进过程中过断层巷道的选择，取决于断层对煤层的切割方式和生产对巷道的要求。

1.运输大巷遇断层的处理

运输大巷是生产上长期使用的主要巷道，要求布置在煤层附近的（通常布置在煤层底板）比较坚硬的岩层中，力求平直、无急剧拐弯。若遇断距较大的断层，必须处理好巷道改向问题，并使改向后的巷道尽快进入原设计的层位。

2. 采区上（下）山遇断层的处理

掘进采区上（下）山遇走向断层或斜交断层时，回风上山一般沿煤层掘进，坡度允许有较大的变化；运输上山通常布置在煤层底板，坡度必须满足运输要求。常采用的施工方法是：

采区回风上（下）山超前运输上（下）山掘进。当回风上（下）山遇断层后，如果为反向正断层或同向逆断层，可以变缓坡度或掘石门揭露断失煤层。如果为同向正断层或反向逆断层，可以加大坡度揭露断失煤层。待利用回风上（下）山查明断层的性质、产状和落差之后，再根据运输的要求确定运输上（下）山的坡度。

其他倾斜巷道遇断层的处理方法与采区上（下）山相似。落差较小时，可以采用挑顶、挖底的方式过断层；落差较大时，为了防止丢煤和少掘岩巷，可以改用石门、反眼或立眼等方式进入断失煤层。

3. 阶段运输平巷遇断层的处理

阶段运输平巷有一定的坡度、弯变和直线段长度的要求。当掘进遇断层时，应根据断层的性质、产状、断距和断层带的安全状况，并结合巷道的用途和生产要求，确定过断层的巷道布置。通常有过断层掘石门和沿断层掘平巷两种布置方式。过断层掘石门联络两盘煤层时，石门可斜穿煤层顶板或底板；石门可布置在断层的上盘或下盘。这取决于石门的长短、三角煤的大小、岩性是否有利于施工等因素。沿断层掘平巷联络两盘煤层，只有当断层带地压不大又无瓦斯和水的威胁时，才可采用。

（三）回采阶段对断层的处理

1. 综采工作面过断层的处理

综采工作面内断层的出现是综采机组实现稳产、高产的一大障碍。选择和布置综采面时应尽量避开断层影响。对一些小型断层或隐伏断层，除了做好预测预报工作外，还必须在回采时妥善处理，以保证正常工作。处理综采工作面断层经常采用的方法有如下几种。

（1）硬过

当落差较小，工作面煤层的剩余厚度仍大于液压支架的最小支撑高度时，一般可以硬过。

当工作面煤层剩余厚度小于液压支架的最小支撑高度，但煤层顶、底板岩性较软时，也可以采用挑顶拉底的方法通过。

（2）沿断层线开掘辅助开切眼

当断层走向大致平行于综采面，未切断煤层时，可以预先沿断层带开掘好辅助开切眼，以便沟通断层两盘煤层的通路，使采煤机及液压支架顺利通过。在过断层时，要采取防止冒顶和片帮措施。

（3）超前处理断层

当综采工作面出现落差小于煤厚，延深较短、影响范围不大的走向或斜交断层，煤层顶、底板岩石坚硬，硬过有困难时，可以采用超前处理的方法过断层。也就是说，用风镐或风钻打眼放小炮，将断层带中煤层的顶、底板削平，让采煤机组安全通过。

2. 厚煤层回采过断层的处理

为了提高资源回收率，对分层开采的厚及特厚煤层，往往采用对层位的开采方法处理断层。对层位开采必须在采前查明断层的性质、产状要素和落差；探清煤层厚度，以便合理确定分层采高。在设计、掘进和回采各个阶段，对待不同的断层处理方法不同。在实际工作中应根据地质条件和生产要求灵活运用，但应尽可能地考虑以下几个基本要求：

（1）为生产创造有利条件。处理断层所布置的巷道，要考虑简化生产系统和运输环节。

（2）尽量减少资源损失。正确控制断层的延展变化，合理布置巷道，减少煤柱损失。对斜交断层要尽量不丢失三角煤。

（3）降低掘进率。要防止不适当地多掘巷道或无效进尺。

（4）不影响正常生产。要及时处理，防止由于处理断层而使采掘工作停顿。

（5）有利于安全生产。避免处理后的采区、采煤工作面出现下行风、串联风、小眼漏风；尽可能不采用自溜与小眼直接连接的出煤方式，加强支护，防止片帮冒顶；注意采掘设备正常工作，防止超负荷运转；等等。

煤矿生产地质异常区
超前探测技术应用

第一节　瞬变电磁超前探测技术

　　超前探测主要是在掘进巷道迎头利用直接或间接的方法向巷道掘进方向进行探测，探测前方是否存在地质构造或富水体及导水通道，为巷道的安全掘进提供详细的地质资料。目前，用于煤矿超前探测的直接方法为钻探方法，钻探结果比较可靠，但施工周期较长，费用较高，对巷道的正常掘进生产影响较大。超前探测的间接方法即采用物探方法进行探测，其中常用的方法包括有矿井瞬变电磁法。

　　以岩石电性差异为基础的瞬变电磁超前探测技术，对低阻体反应敏感，在富水性探测方面比其他地球物理探测方法更具优势。相比探地雷达而言，瞬变电磁超前探测距离大。相比直流电法探测，瞬变电磁超前探测具有不受巷道空间限制、超前探测距离大、不存在电极接地困难、探测方向指向性好、施工方便快捷、劳动强度小等优点。

　　根据巷道掘进工作面的空间特点，对瞬变电磁超前探测技术的数据采集方式进行了试验，在长期的应用过程中，逐渐发展成重叠小回线装置形式的扇面扫描（环形测深）数据采集方式的瞬变电磁超前探测技术。

一、探测方法特点

　　矿井瞬变电磁法基本原理与地面瞬变电磁法基本原理相同。所不同的是，矿井瞬变电磁法是在井下巷道内的有限空间内进行，瞬变电磁场呈全空间分布，全空间效应成为矿井瞬变电磁法固有的问题。煤层一般情况下为高阻介质，电磁波易于通过，瞬变电磁法接收线圈接收到的信号是来自发射线圈周围全空间岩石电性的综合反映。

　　由于特殊的井下施工环境，矿井瞬变电磁法与地面瞬变电磁法相比有很大不同，主要有以下几个方面的特点：

（1）由于井下施工环境与地表不同，无法采用地表测量时的大线圈（边长大于 50m）装置，只能采用边长小于 3m 的小线框，因此与地面瞬变电磁法相比具有数据采集工作量小、测量设备轻便、工作效率高的优点。

（2）由于采用小线圈测量，点距更密（一般为 2 ~ 10m），可降低体积效应，提高勘探的横向分辨率。测量装置靠目标体更近，将会大大提高异常体的感应信号强度。

（3）瞬变电磁法关断时间及多匝发射、接收天线自感和互感的影响，无法识别早期的有用地质信息，即有能探测到更浅部的地层介质的电性情况，在浅部形成探测盲区。

（4）矿井瞬变电磁场为全空间场，同时还受巷道空间的影响，这给探测资料的解释带来了较大的困难。

二、常用工作装置

矿井瞬变电磁法探测工作位于井下巷道内，巷道截面边长一般小于 5m，长度从几十米到数千米都有。如何将地面瞬变电磁法的工作装置应用到井下巷道内，是矿井瞬变电磁法勘探非常关键的技术。

线圈的组合大致取决于以下 3 个条件：

①发射和接收回线相对目的物的耦合处于最佳状态；

②异常的形状可能简单；

③接收发射系统能适用于此组合，特别是接收范围要在接收机的范围之内。

根据以上 3 个条件，对测量对象可以选择最佳组合。此类组合在观测过程中发射回线或线圈保持给定的间距，逐测点移动采集数据。下面主要介绍能够在矿井下使用的几种工作装置类型

（一）重叠回线装置

重叠回线装置有两条回线，一条用作发射，另一条作为接收。TEM 方法的供电和测量在时间上是互相分开的，它们铺在同一位置，故称为重叠回线组合。在实际应用中，并不需要相互完全重叠，有时候还需分开 1m 或更远，以降低可能存在的超顺磁效应。重叠回线装置是频率域方法无法实现的装置，它与地质探

测对象有最佳耦合。重叠回线装置响应曲线形态简单，时间特性不发生变号现象，具有较高的接收电平、较好的穿透深度及异常便于分析解释等特点。由于重叠回线装置接收与发送线圈完全共面，不会造成由于发射和接收回线不在同一平面，接收线圈中混杂水平分量的影响。接收线圈和发射线圈重叠，互感大、一次场影响大，所以关断时间长、盲区大。

将重叠回线中的接收回线用小型可视为偶极的接收线圈代替并且置于发射回线中心，即为中心回线组合。因为接收回线轻便，又可以测量 3 个方向的分量，故应用比较广。它具有和重叠回线装置相似的特点。但由于其线框边长较小，纵横向分辨率高，受外部人文噪声的干扰较小，对环境要求较低，适应面较宽，可观测水平分量，分辨率较高；接收回线可以避开管道等人为导体，在井下人为导体较多的位置，其数据质量优于重叠回线。巷道底板地质体的不均匀性影响较重叠回线大，此种装置互感大、一次场影响大、盲区大。

与频率域水平线圈法相类似，要求保持固定的发、收距，沿测线逐点移动观测，偶极装置具有轻便灵活的特点，它可以采用不同位置和方向去激发导体，观测多个分量，对矿体有较好的分辨能力。但是，偶极装置是动源装置，发送磁矩不可能做得很大，因此探测深度受到限制。另外，偶极装置所观测到的时间特性曲线复杂，发生变号现象，给解释带来一定的困难。

（二）共面偶极装置

发射线圈与接收线圈共平面，两者相距 5 ~ 10m。因此，一次场对接收线圈的影响可以忽略，盲区小。此时，发射线圈和接收线圈沿巷道布置，倾角 45°（或大，或小）。当探测巷道顶、底时，发射线圈和接收线圈沿巷道水平布置。

（三）共轴偶极装置

发射线圈与接收线圈分别位于前后平行的两个平面内，但处于同一轴线上，两者相距 5 ~ 10m。此装置适合巷道掘进头的超前探测。此时，接收线圈贴近掌子面，发射线圈位于其后，两者轴线指向探测方向。如果接收线圈和发射线圈分别向左、向右转动不同角度时，则探测方向也分别指向前方的不同角度，于是便可以探明掘进头前方扇形区域内的储水构造。

三、施工方法技术

（一）测点的布置

由于受巷道迎头空间的限制，矿井瞬变电磁法的发射和接收线圈的几何尺寸受到一定的制约，只能采用多匝小回线的发射和接收装置形式，即边长为 2~3m。测点布置在巷道迎头空间位置，即从巷道迎头左侧开始，首先使发射、接收天线的法线垂直巷道左侧面进行测量，然后旋转天线，使天线的法线方向与巷道的左侧分别成 60°、45° 和 30° 的夹角进行探测；当天线的法线方向与巷道迎头界面垂直时，根据其主迎头断面的宽度布置 2~3 个测点；到巷道迎头右侧时再旋转天线，使法线方向与巷道右侧分别成 30°、45°、60° 和 90° 的夹角进行探测。也就是说，在多个角度采集数据，从而获得尽可能完整的前方空间信息，故称之为扇形测深技术。

在实际工作过程中对于每个发射点，也可调整天线的法线与巷道底板的夹角大小，以探测巷道顶板、顺层和底板方向的围岩变化情况。

（二）资料处理及成果显示

瞬变电磁法的资料解释步骤是：首先对采集到的数据进行去噪处理，根据晚期场或全期场公式将仪器测量的电流归一化值转换成不同时间窗口对应的视电阻率值，然后进行时深转换处理，得到各测线视电阻率断面图。在成果显示上主要有两种方法：第一种为常用的矩形成图方法。该方法是将图中的各测点视为在一条直测线上等间距分布的点，绘制的视电阻率等值线图中横坐标为测点标号，纵坐标为相对直测线的探测深度。第二种为扇形成图方法。该方法是将图中各测点测量的不同深度上的视电阻率值分布在实际平面位置，将视电阻率等值线图绘制成扇形方式，其纵坐标为在迎头断面向正前方探测的实际距离，其中巷道的断面宽度可根据正前方测点的间隔进行等比例的放大。

四、典型地质异常体瞬变电磁响应物理模拟

在电磁法勘探中，物理模拟是研究野外条件下电磁响应特征的重要手段。由于野外地质地理以及人文条件较为复杂，岩（矿）石物理性质变化很大，很多目的物的响应无法用数学解析式表示，使用高性能的电子计算机，采用有限元、有

限差分等近似数值解法，虽然大大提高了解题的范围，但仍存在一些不易解决的问题。另一方面由于无严格的解析解与近似解做对比，因此还需要借助于物理模拟的方法来验证近似解的正确性和近似程度。

瞬变电磁超前探测在井下巷道空间中进行，巷道空间的存在改变了瞬变电磁场全空间分布特征，使其不再是严格意义上的全空间场。本章使用盐水充当巷道空间围岩介质，使用玻璃槽充当巷道空间，建立了瞬变电磁超前探测含巷道全空间物理模型，根据目前瞬变电磁井下实际超前探测方法，对不同异常体的超前探测响应特征进行了物理实验模拟。

（一）实验模型系统设计

1. 地质模型

典型的矿井地质模型为水平层状，相对顶、底板来说，煤层可视为高电阻率介质。掘进巷道位于煤层当中。一般采煤工作面掘进巷道断面的宽度为 2 ~ 4m，高度为 2 ~ 4m。本章主要研究巷道空间对矿井瞬变电磁场分布的影响规律。因此，假设巷道位于均匀全空间介质当中，即顶板、底板和煤层具有相同的电阻率值 100Ω·m。在矿井瞬变电磁法实际工作当中，因巷道空间的限制常选用多匝小回线作为发射、接收装置，线圈边长通常为 2m；同时，按照矿井防爆措施要求，发射电流应小于 10A。

2. 水槽模型

水槽空间充当全空间，全空间尺寸即为水槽尺寸，水槽尺寸为长 195cm、宽 130cm、深 90cm；使用一端封闭的玻璃槽充当独头巷道空间，底部封闭面为巷道掌子面，玻璃槽尺寸为长 45cm、宽 20cm、高 20cm。为避免干扰，采用全塑质支架，凳子高 45cm。巷道围岩介质用盐水代替，水槽中注水 2.2815m³，加入食盐 30kg，使用 SYSCAL-R2 型电法仪，采用小极距对称四极装置形式测定该盐水电阻率约 2Ω·m。

模拟时将玻璃槽直立于水槽中央，顶、底板距水槽壁均为 55cm。为避免水槽底部出水口处滤水罩影响，将玻璃槽尽量远离出水口处放置，保证玻璃槽左右帮距离水槽壁均大于 55cm。水槽注水后，为防止玻璃槽在浮力作用下移动，使用盖板压实固定。

井下巷道一般水平布置。为便于模拟，将巷道进行了 90° 的旋转，采用了上述直立式模型，玻璃槽下方可视为巷道掌子面正前方。此模型中长度45cm，玻璃槽左右侧可视为巷道的左右帮，玻璃槽上下侧可视为巷道的顶底板。

3. 模拟方法

模拟时完全按照井下超前探测方法，在玻璃槽封闭端（相当于巷道掌子面）处按不同角度布置测点，采用重叠回线装置形式对掌子面前方进行11个方向的扇形扫描，最后绘制多测道剖面图进行异常分析。这种数据采集方式称扇形扫描或环形探测。

（二）掌子面正前方

超前探测主要解决掌子面正前方地质异常体的探测问题，异常体在瞬变电磁超前探测特有的数据采集方式与相应的图示方法中的响应规律尚需研究。在进行物理模拟时，设置了两个模型，两导柱体采用前面提到的长9.5cm、直径6cm的铁柱，分别放置于距掌子面25cm与42cm的位置处。

（三）充水巷道瞬变电磁响应特征

在矿井瞬变电磁超前探测目标体中，经常会遇到探测废弃巷道充水问题。选取了长1m、直径8cm的钢管作为充水巷道，实验时放置于迎头正前方，其走向与巷道走向垂直。模拟结果说明，对于废弃充水巷道，瞬变电磁超前探测时迎头处测点响应幅值要高于其他测点，而拐角处测点在晚延时段响应较低。

五、巷道前方水害超前探查方法应用

根据前面对矿井瞬变电磁法全空间电磁场分布特征、工作方法、测量装置和井下人文设施产生的噪声剔除技术以及瞬变电磁法时间－深度视电阻率曲线的换算技术研究，将地面瞬变电磁法勘探应用于井下，探查井下巷道前方的含水构造，与其他矿井物探方法相比，具有独特的优点和良好的发展情景。下面简要介绍矿井瞬变电磁法勘探的特点和在煤矿突水构造探查中的应用。

（一）水文钻孔超前探测

煤矿资源普查与勘探初期，在井田范围内施工了许多勘探及水文观测钻孔，其中有许多钻孔穿过了煤层顶板或底板的含水层。现在，有些钻孔的准确位置及封孔资料很难收集，这给煤矿的安全生产及地下水资源的合理开发利用带来了潜在的威胁。由地面已知地质资料可知，LD煤矿巷道掘进迎头附近存在一个勘探钻孔，该钻孔在煤层底板下的灰岩中终止。但是钻孔的孔斜及封孔资料不详。如果该钻孔封孔效果达不到要求，并且在煤层附近的具体位置不能准确确定，当与煤层底板下的含水层导通时，在巷道掘进及工作面回采的过程中，由于受采动的影响或直接对钻孔的揭露，将会诱发涌水事故的发生，对煤矿的安全生产带来较为严重的影响。

在该钻孔附近只有一条正在掘进的独头巷道，因此采用矿井瞬变电磁法超前探测技术在探测过程中调整了发射、接收天线与巷道底板的夹角，完成了向巷道顶板、顺层和巷道底板的探测任务；查明了巷道迎头正前方110m以内，前方底板60m以上、顶板60m以下一个锥形体积范围内地层介质的视电阻率变化情况。

（二）断层含水性超前探测

某煤矿76线北部皮带巷掘进至1201+6m时，根据地质资料，落差100m的崔家庄3JHJ断层位于掘进工作面前方60～100m，具体位置不详。出于安全起见，需查明1201+6m迎头前方崔家庄3JHJ断层的导含水性以及与深部奥灰的水力联系。基于此，在掌子面与左右两帮布置测点14个，如图6-1所示；采用多匝重叠小回线装置形式分别进行了底板与顺层方向的探测，如图6-2所示。

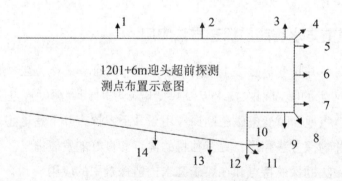

图6-1 测点布置示意图

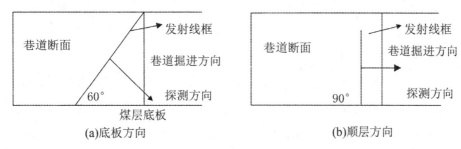

(a)底板方向   (b)顺层方向

图 6-2 探测方向示意图

瞬变电磁超前探测视电阻率等值线图中左侧标注为探测方向上超前探测距离（m），下端标注为测点号。根据地质资料，巷道顶板为砂岩，电阻率大于 100Ω·m，巷道底板距奥灰顶界面大于 100m，即本次超前探测有效距离内层理方向上不存在相对低阻层。根据前面章节中数值模拟，本次超前探测结果主要反映激发方向上的电性变化。底板方向超前探测视电阻率等值线图上，超前探测方向上 60 ~ 110m 巷道迎头正前方视电阻率 ≤ 3Ω·m，低于其他区域的视电阻率值，呈相对低阻；顺层方向超前探测视电阻率等值线图上，超前探测方向上 50 ~ 110m，3 ~ 8 号测点视电阻率 ≤ 30Ω·m，呈相对低阻。对比分析等值线图，可以推测巷道迎头前方 60m 处存在低阻异常体。如果该断层存在与深部奥灰水相联系的导水通道，在打钻验证过程中，钻进 70m 时仅见泥质充填物，无水涌出证实瞬变电磁超前探测结果可靠。

（三）陷落柱超前探测

陷落柱是煤层下伏可溶性岩石遭地下水溶蚀后引起上覆岩层冒落而形成的古岩溶塌陷体，在我国华北型煤田广泛发育。当工作面或巷道直接揭露或接近与含水层、强径流带存在水力联系的陷落柱时，极易造成突水淹井事故，对煤矿安全生产构成极大威胁。徐州某煤矿 1050 轨道下山掘进过程中迎头岩性发生变化，出现破碎岩体胶结物，夹有煤块，岩体层理整体表现杂乱无序，结合已有地质资料与揭露情况，矿方断定为陷落柱。为排除采动过程中该陷落柱突水的可能性，需查明其是否与富水体存在水力联系以及本身的含水性。在探测时，采用了扇面扫描的数据采集方式，即在迎头布置测点，分别进行顶板、顺层与底板方向的探测。

（1）根据超前探测时扫描线的扫描角度，以迎头中心为坐标零点绘制成扇形视电阻率等值线图，零点左侧横向坐标值代表对迎头左前方的超前探测距离，零点右侧横向坐标值代表对迎头右前方的超前探测距离，纵向代表对迎头正前方的超前探测距离。

（2）根据顶板方向超前探测视电阻率等值线剖面图。探测方向与水平面呈45°，指向巷道顶板，主要反映掘进头前方顶板横向上20～75m与纵向上20～75m体积范围内岩层电性情况。由图可知，扫描区内视电阻率值≥12Ω·m，无低阻异常反映。这一结果表明上述掘进头前方顶板探测体积范围内岩体富水性弱。

（3）根据顺层方向超前探测视电阻率等值线剖面图。探测方向与水平面平行，主要反映掘进头正前方岩层电性情况。由图易知，扫描区内视电阻率值7～24Ω·m，掘进头左前方与掘进头右前方视电阻率值较低（7～8Ω·m），掘进头正前方视电阻率值较高（≥12Ω·m）。掘进头左前方、右前方的低值区域推测是由巷道中U型钢支护造成。总体分析，水平方向上探测范围内掘进头前方未见明显低阻异常反映。

（4）根据底板方向超前探测视电阻率等值线剖面图。探测方向与水平面呈45°，指向巷道底板，主要反映掘进头前方底板横向上20～75m与纵向上20～75m体积范围内岩层电性情况。该图上，扫描区内视电阻率值6～24Ω·m，掘进头左前方与掘进头右前方视电阻率值较低（6～8Ω·m），掘进头正前方视电阻率值较高（≥120Ω·m）。掘进头左前方、右前方的低值区域推测与顺层探测该区域低值原因一致，均由巷道中"U"型钢支护造成。总体分析，掘进头前方顶板探测体积范围内未见明显低阻异常反映。

综合以上分析推断出该陷落柱不含水且与其他富水体不存在水力联系。该结论在巷道掘进过程中得到了验证。

（四）老窑积水区超前探测

某矿2号总回风巷在掘进过程中，掘进头1与掘进头2还有150m将贯通。据地质资料，在同一水平上，该150m待掘巷道一侧可能存在历史小煤窑遗留下来的废弃巷道，如图6-3所示，其具体位置与积水性不明。为排除透水隐患，保证安全掘进，需查明掘进头前方是否存在老窑积水。

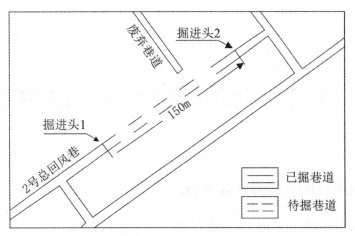

图 6-3　采掘工程平面图

使用澳大利亚生产的 Terratem 仪器，多匝重叠小回线装置形式，线圈边长 2m，发射电流 3 ~ 4A，关断时间约 1.5ms，64 次叠加，掘进头 1 布置测点 11 个，掘进头 2 布置测点 10 个，进行顺层方向的探测。

两掘进头顺层超前探测视电阻率剖面图中横坐标为测点号，纵坐标为从掘进头开始的超前探测距离（m）。多匝重叠小回线装置形式发射电流关断时间过长，造成早期数据严重畸变，致使约 20m 的近距离信息无法分辨。掘进头正前方未受到工字钢与锚网影响，故视电阻率值较高，为 20 ~ 50Ω·m。迎头正前方在超前探测距离 80 ~ 110m 范围内，视电阻率值降低，出现不均匀变化，表明该范围内岩层电性发生变化。结合地质资料，推测该范围为老窑积水区。矿方在掘进头 1 继续向前掘进 70m 时顺煤层打钻，终孔距离 40m，钻孔涌水 74m^3，证明该范围确为老窑积水区，瞬变电磁超前探测结果得到验证。

第二节 掘进巷道地质反射波超前探测技术

一、巷道空间反射波超前探测方法原理

（一）井巷掘进空间的地质模型

隧道及井巷掘进是按照设计的位置进行开挖，受区域岩层条件控制，掘进过程中会遇到不同的地质条件。进行坑道超前探测必须对此全面了解，才能充分利用现场基本条件。我国在漫长的地质历史上受到过多次构造运动作用，因此在大部分隧道掘进过程中所遇到的地质条件相当复杂。当设计隧道在穿过复杂地质条件时，必须根据掘进施工的进度及位置及时进行超前探测与预报，有效地指导施工安全。

在矿井巷道掘进过程中，特别是采煤矿山，其井下巷道掘进存在两类问题：一类是岩石巷道的掘进，为采矿（煤）提供运输通道或联络巷道，所遇到的主要问题是断层、岩层层位控制以及不良含水体等；另一类是构建回采工作面进行采煤生产的，为煤层巷道的掘进，通常是顺着煤层走向或倾向进行开挖，其遇到的不良地质问题主要是以断层、煤层连续性、地下水体等为主。

由于不同地质条件所对应的地质模型有所区别，这是巷道反射波探测布置及地质解释的重要基础。煤矿巷道超前探测中受地质条件及巷道支护方式等限制，特别是煤巷掘进时煤层作为一种软弱层，煤层顶、底板作为强反射界面会产生多次波等干扰，数据采集条件较差，往往不能对前方地质构造界面的反射信号进行识别，因此超前预测预报难度比隧道掘进时加大。

（二）井巷超前反射波探测的特殊性

与地面二维空间不同的是，在矿井巷道中进行地震勘探属于三维空间探测，是一种特殊的地质环境，地震波的激发与接收受到多种因素的影响。矿井探测的

主要目的是解决与煤层有关的地质问题，而在煤系地层中煤层作为一种低速、低密度的软弱夹层，其弹性性质与其顶、底板之间存在明显差异。因此，在煤层巷道中激发的地震波，受到其顶、底板的限制会产生导波性质，这对地震波的传播带来影响。

除此之外，井巷反射波超前探测还受到煤岩层松动的影响。利用反射波进行超前勘探，必须要具有良好的耦合条件。巷道在形成过程中受机械或放炮等振动作用，往往会造成巷帮或煤层顶、底板的裂隙以及松动带的产生，这给矿井地震探测带来一定的影响，使得高频地震波的吸收相当厉害；同时松散的岩煤层结构会直接破坏地震波的激发接收条件，使得探测距离受到限制。因此，对于煤岩帮上探测，应尽量使用合适的锤击垫片或激发孔，避开煤岩帮松动圈范围的影响。

（三）反射波超前探测的方法原理

1. 巷道超前反射波探测的地球物理条件

利用地震反射波法进行地质超前预报，其地球物理前提是介质之间存在弹性差异和地震波的传播。在巷道掘进条件下，当前方存在地质异常界面（如地质构造、破碎带及流体等）时，介质的弹性差异（速度和密度差异）是客观存在的，这就为地震波的传播，尤其是巷道掘进前方不良地质体的反射波传播提供了良好的物理条件和波场基础。由于实际地层并非一种理想的完全弹性介质，地震波在介质中传播过程中部分能量被吸收和散失，其明显特征是高频成分随着传播距离的增加而衰减，波的能量最终消减结束。引起地震波振幅能量变化的因素主要包括波前球面扩散、岩体吸收、透射损失、散射和震源－检波器的布置等。地震波的这些传播特征为巷道地质超前预报带来了诸多不利因素，加上不同地质条件影响（如煤巷掘进中的煤层顶、底板多次反射波），使得接收到的地震波场复杂程度增加，为后期数据处理增加了难度。因此，熟悉巷道掘进地震波场特征及其相应地球物理条件，努力为数据采集与处理创造有利条件。

对于巷道掘进条件，与地面地震勘探有所区别，属于三维空间地震波传播特性，但其基本传播理论是一致的。巷道掘进地震勘探主要解决岩石与软弱层或含水层分界面问题，而井巷掘进主要解决的是煤与岩层的分界面问题，两者具有一定的区别，但只要是岩层介质发生变化，其弹性性质往往发生改变。井巷掘进中的煤层作为一种特殊介质体，与其顶、底板之间存在的弹性差异更为明显。通常来说，发生破碎的岩层在整个完整地层中，矿井煤层在煤系地层中，都应属于低速、低密度的软弱夹层，其特征与周边岩层差异较大，为超前探测预报提供了有利的条件。

2. 巷道超前反射波探测的地质基础

反射地震波勘探的地质效果，受到两个条件的限制：一是勘探本身的技术装备等；二是受到客观存在的地表及地下地质构造复杂程度的限制。在巷道超前探测条件下，需要解决的地质问题在工作面前方，数据采集只能在后方的巷道中完成，不仅数据采集时野外施工困难，而且资料的处理和解释也很复杂。这里前方地质构造和地层岩性对地震勘探的影响实质就是一个地震勘探的地质基础问题，其中地震波速度是个关键性参数。

（1）地震波速度

地震波速度是表征地层弹性性质的重要参数。不同时代、不同岩性的地层可以有不同的速度，因而速度参数把地质模型同物理模型联系起来。纵、横波速度值可以由弹性模量，如杨氏模量、泊松比、体积模量等，表示它们之间的关系，因此已知弹性模量及密度，可以求出纵、横波速度值；反之由纵、横波速度值也可求得各种弹性模量。

在实际岩石中的地震波速度取决于多种因素，包括孔隙度、岩性、胶结度、深度、年代、孔隙中的流体成分等。水饱和沉积岩石的速度范围在 1.5 ~ 6.5km/s。孔隙度降低，胶结变好，埋藏深和年代老，会使速度增加。水的纵波速度大致为 1.5km/s。当岩石的孔隙内充满气体时，其纵波速度远低于充满水的同类岩石。实际的地质剖面是由不同地质年代、不同成因、不同物质成分、不同结构构造的岩层组成。由于沉积环境、沉积年代不同，即使同样的岩性，在岩石密度、孔隙度以及充填物等方面也会有很大变化。这就导致某一类岩石的速度可以在很大范围内变化，不同类型岩石的速度值可以在某一范围内重叠。

（2）地震波速度的主要影响因素

对纵波来说，地震波的传播速度主要取决于岩土的弹性常数和密度。一般来说，地震波速度随深度增加而增加，但影响传播速度的地质因素很多，主要与岩性、孔隙度、孔隙充填物、密度、地质年代、构造运动、岩层埋藏深度等因素有关。

对于巷道掘进条件，所关注的地质问题有所不同。这里主要的影响因素包括岩煤层的岩性变化、介质孔隙度、孔隙中的充填物情况、含水率以及岩层的风化和破碎等因素。其中，岩石中孔隙的空间不是被水、油等液体所充填就是被气体或气态碳氢化合物所充填。当波在这些充填物中传播时，速度都会降低。在气体中波传播的速度最低，油其次，在水中波速相对较高。当砂岩孔隙中含油、气、水时，三者之间及它们与顶、底围岩之间形成良好的波阻抗界面，产生较强的反射波。实际的岩土中孔隙部分被流体（大多情况是水）充填，充填的多少即含水率。如果孔隙充填水，因水的 $v=1.5km/s$，随着孔隙水的增加，速度将有所增加。岩石风化破碎后，地震波速度通常会降低，因此应用地震勘探可以发现岩煤层中的破碎部分。

二、巷道反射波超前探测技术

巷道超前探测的目标是解决工作面前方的地质异常体，因此其数据采集与数据处理主要集中在对前方反射信息的提取上，压制或消除来自周边围岩的各种反射信息。目前，对巷道反射波超前探测技术从观测系统布置上可以归纳为三大类：即点状探测、二维探测和空间探测。它们的主要区别在于数据采集炮检系统的布置和数据处理方法上，但其基本的探测原理是一样的，都遵循反射勘探原理。

在巷道工程掘进过程中，工作面前方可能赋存各种不良地质体，如断层、陷落柱、老空区、煤层尖灭等。这在理论上可将它们抽象为某一异常界面或异常点，界面两侧可视为密度和速度均一体。根据反射勘探条件，则存在波阻抗界面，因此会发生地震反射，在不同波组抗界面条件下反射信号将发生相位的变化。

在均匀介质中，所需时间最短的路径是直线。这样，由于激发与接收点位置不同，所形成的不同类型的波在不同介质模型的时间—距离关系数学表达式即为时距方程，而时距曲线则是时距方程的形象表达。

三、巷道掘进空间反射波探测系统结构

基于上述分析，建立超前探测反射波探测技术系统是主要研究方向。巷道掘进超前探测反射波探测系统结构主要包括巷道反射波数据采集系统布置及施工技术方法、地震数据采集记录系统、数据处理、地质解释等。这里巷道反射波成像

数据处理是关键，针对较为常用的线状观测系统布置进行数据采集与偏移成像技术研究，力求获得较为精确的探测与预报结果。

四、现有反射波超前探测观测系统

目前，对巷道地震波数据采集从观测方式上有三大类：一类是呈点状布置，一类是呈直线型布置，另一类是空间布置。其中：简单的反射波探测中多采用零偏移距单点到多点探测，即点状布置；负视速度法、TSP、TGP 等方法属于直线状布置；而 HSP、TRT、TST 等方法属于空间布置，且处理方法有所不同。总的来说，空间布置的观测系统比点及直线布置的观测系统优越，它能够有效接收来自不同方向的反射地震波信号，获得可靠的速度分布结果，提高对地质体的定位精度和工程性质类别判定的可靠程度。

（一）超前探测布置基本要求

在巷道采掘过程中，前方需要探测的对象往往是多变和不定的；进行高分辨率的地震反射探测，既需要一定的工作场地和空间条件，又要求前方的地质界面能构成一定的反射条件，能够可靠地接收到来自地质界面的反射波信号。通常来说，反射波超前探测除对仪器设备要求高外，其探测条件必须具备。

1. 激发与接收条件良好

激发与接收条件实际上是场地条件，要能够可靠地布设震源和安置设置检波器，巷道震源使用锤击比较方便，根据探测界面的距离不同，保证具有适当的激发能量。当岩体破碎或松散时，需利用钻孔、钢钎等工具辅助布设检波器，保障检波器与探测介质的耦合良好。当探测距离较远时，需使用放振动炮的形式激发地震波。

为提高探测的分辨率，激发点应尽量选择在坚实地段，而且激发与接收都应保持沿地层的法线方向进行定向激发与接收。为了减小信号记录的复杂程度，应尽量减少背景干扰产生。

2. 界面的波阻抗差异明显

探测的岩性或目的层界面，必须具有较为显著的波阻抗差异，以保证界面反射波有较强的能量，肉眼能从波形记录中分辨来自不同目的层的反射波组。

3. 界面的产状能够保证测点可靠地接收到地震反射波

当在巷道的掘进头或掌子面向前方超前探测时，激发点与接收点都在正面一块面积不大的断面上。这就要求前方被探测的岩层或界面的形状能遵循反射定律，将地震波反射回接收点从而被记录下来。当前方岩层或界面相对掘进头或掌子面倾角较大时，最好为近直立界面，利于接收反射波。当前方岩层或界面产状相对较为平缓时，可在巷道顶、底板设置激发与接收点，进行上、下探测。

（二）常规点状超前探测布置

对于简单的地质构造，利用巷道中掘进工作面或两帮可以进行较为简便的观测系统布置，通常采用单点或多点激发可取得一定的探测效果。高分辨震波反射技术中单点自激自收法超前探测较为简便，通过对各单道记录进行信号叠加，形成叠加记录，依据波形相位特征判别前方构造形态和距离，依据波形幅值特征判别构造相对大小，预报前方地质特征，通常在地震地质条件适宜时可取得满意的结果。

对探测前方界面比较宽缓的目的层，可直接沿顶、底板或两帮进行有偏移距剖面测试，通过不同偏移距剖面分析目的层的位置及特征。

利用震波反射直接探测前方地质异常可以在以下几个方面应用：

①穿层巷道中探测强波阻抗差异界面。例如，在石门中探测前方含水灰岩、煤层、岩墙等的界面。

②顺层巷道中探测强波阻抗差异界面。例如：在煤巷中探测前方断层、断点、构造破碎带、火成岩侵入体等的位置。若巷道煤岩体较为坚硬，采用少量炸药激发高频地震波，其超前探测有效距离可达 100m 以上。

（三）直线型超前探测布置

巷道中可利用的场地条件是掘进工作面后方的两帮和顶、底板等有效接触面。为了现场施工方便，负视速度法、TSP、TGP 等方法是利用巷道帮进行检波器和激发孔的布置。这里以目前国际上应用较为广泛的 TSP 方法最具代表性，其观测系统现场布置相对复杂，通常应在巷道两帮均布置接收器，目的是接收前方不同产状的地质界面的反射波。TSP203 系统主要组成包括记录单元和接收器。其中，记录单元能够记录地震信号和质量控制，其基本组成为完成地震信号 A/D 转换的电子元件和 1 台便携式电脑。便携式电脑控制记录单元和地震数据记录、储存及进行处理和评估。记录系统有标准的 12 道输入。用户可以设置 4 个接收器。记录单元采用最新技术的 24 位 A/D 转换器，最小动态范围为 120dB，可以获得 10 ～ 8kHz 的频宽。

接收器用于拾取地震信号，安装在一个特殊的套管里。套管与岩石之间采用注水泥或双组份环氧树脂牢固地结合。接收器由极灵敏的三分量地震加速度检波器（XYZ 分量）组成，频宽 10 ～ 5kHz，包含所需的动态范围，能够将地震信号转换成电信号。在每个接收器中，三分量加速度检波器按顺序排列，能确保在三维空间方向范围的全波场记录，所以能分辨不同波的类型，如 P 波和 S 波。

接收系统是为适用于各种不同岩石类型而设计的，从软弱的岩层到坚硬的花岗岩。接收器连同套管一起放入直径 43mm、深度 2m 的钻孔中。

对于直线状超前探测系统布置，其总的特点是：

①激发点与接收点分布于同一个水平面上；

②激发孔或接收孔位于同一帮的一条直线上，且尽量布置在构造出现的一帮，目的是便于进行数据处理。

（四）空间型超前探测布置

在超前探测中，充分利用巷道条件，结合掘进工作面及两帮布设检波器和激发孔，从而形成空间观测系统。HSP、TRT 和 TST 等方法均属于这类布置，其中 TST 和 TRT 是国内外两种有一定代表性的超前探测系统。

用 TST 法测试时，在隧洞内掌子面、两侧、上顶和下底面，也可在隧洞外山顶布置。通常隧道内布置 12 个检波器，每一边布置 6 个，大约在 20m 长度范围内，检波器间距为 4 ～ 5m。洞内观测时检波器埋入岩体 1 ～ 1.5m，以避免声波和面波干扰。可采用爆炸或锤击激发地震波，爆炸一般 4 ～ 5 炮，爆炸点间距 4 ～ 5m，每一炮使用炸药量为 500 ～ 1000g。

TRT 方法在观测方式和资料处理方法上与 TSP 法有很大不同。在观测上，虽然 TRT 也是利用反射地震波，但它采用的是空间多点接收和激发系统。检波器和激发的炮点呈空间分布，布置在巷道迎头、顶板及两个侧帮上，以充分获得空间波场信息，提高对前方不良地质体的定位精度。在资料处理方法上是通过速度扫描和偏移成像。这种方法对岩体中反射界面位置的确定岩体波速和工程类别的划分等都有较高的精度。

现有的空间超前探测系统布置的特点是：规则的空间点位布置，不能结合巷道条件随意布设检波和激发点；为适合不同的数据处理方法，其检波和激发点个数分配各具特色，TST 和 TRT 法具有较大差异。

五、超前反射波成像数据处理

（一）数据常规处理

地震超前预报中数据处理是对巷道采集的地震信息进行各种加工处理，进一步压制信息采集中未能消除的残留面波、多次波和随机干扰等，提高信号的信噪比和改善分辨率。针对巷道超前探测基本条件，尽可能保护和恢复记录中的高频成分，最大限度地提高记录的信噪比和分辨率，处理后可获得直观反映巷道前方地质构造形态和界面的地震剖面资料。在巷道超前探测中，对地质构造的研究可运用地震波的运动学特点，确定初至时间和传播速度，进而对构造面的几何形态进行确定；对地层的岩性特点分析必须运用波的动力学特征，结合动力学特征确定各种物性参数，来判断地层各种岩性成分，以便更客观地描述地质目标体。

围绕上述数据处理基本要求，针对巷道空间任意观测系统数据记录，主要对二维观测布置地震记录进行数据处理系统开发，从地震资料处理的目的和任务要求出发，涵盖了波形处理、振幅处理、成像处理、岩石动力学参数提取和反射界面绘制等一系列功能模块。整个处理系统的关键技术是对巷道干扰波的滤波处理、波场分离、速度分析、偏移成像和结果可视化等几个部分内容。

（二）巷道掘进空间立体图像显示与识别

1. 三维立体图像构建

由于巷道超前探测偏移结果剖面解释困难，给工程应用带来一定的难度。巷道超前反射波成像软件系统基于 MFC 和 OpenGL 库开发，进行可视化处理，形成掘进空间一定范围内直观的三维偏移结果图像，并对超前地质构造及其特征进行精细表达，使得超前探测方法技术更适合普通人员的操作与使用。

（1）巷道空间坐标建立

巷道超前探测结果表达是在空间三维坐标系中完成的，探测空间是围绕着掘进工作面扩展，重点是解决前方地质构造及其异常问题。对数据采集激发点、接收点和地质界面进行方位角及倾角定义赋值，为反射波数据偏移处理提供空间坐标。

（2）三维可视化图像的形成

目前，利用 OpenGL 语言编制的巷道立体偏移结果可对地质界面进行立体显示或任意切片显示，获得掘进空间一定范围内的地震波反射能量分布。为了使得偏移结果精细、圆滑，通常还需进行空间插值运算，改善数据体的显示效果，同时可对偏移结果数据体进行切片显示，通过相应的界面提取方法还可获得清晰的地质界面位置结果。

2.地质界面图像信息提取

反射波偏移结果剖面表达为有效反射段的振幅能量，由此生成的图像结果一般由人工加以解释。为了提高判断精度，避免人为的主观因素，对地震结果信息加以提取具有重要的意义。通过对目标信息进行计算机处理，按一定的规则获得地质界面，从而达到自动识别目标体的目的。一般来说，识别过程主要分成 4 个步骤，即数据的获取、预处理、特征提取和分类判决。

利用统计模式识别方法对偏移结果进行界面提取，主要特征值为反射点振幅大小及网格节点叠加次数，根据反射波能量及解释距离情况，按振幅能量百分比及叠加次数大小进行特征提取。同时，利用人机交互方式还可结合现有地质资料对地质界面进行修改，从而达到更为精确的解释目的。

六、综合超前探测方法技术研究

巷道掘进工程中所关心的地质问题包括构造软弱带、含水体、岩体工程类别、岩溶、瓦斯等问题，特别是对于含水断裂、含水溶洞、含水松散体等不良地质对象的准确预报。它关系到巷道工程的施工进度、成本、质量和安全问题，因此备受相关生产技术部门及研究人员的关注。目前，反射波超前探测技术利用空间观测与处理系统，可对前方地质构造及其异常体进行有效的探测。但多数巷道由于地质构造复杂程度高，其超前预报结果准确率仍不够理想，多解性强，且对一些小构造（如落差小于 5m 的断层构造、破碎带、含水流体等）分辨程度低，远不能满足工程施工的高精度需求。

巷道内的观测空间有限，反射波孔径小，这对提高地震反射资料的速度分析、反射面定位精度和岩体工程类别的划分增加了难度。由于不同地质对象表现出的物性特征是各不相同的，岩体的构造特性、围岩的完整程度、破碎状态等主要表现在力学性质的差异上，而含水性则主要表现在电导率、介电常数等电磁特性差异上，所以目前应用的任何一种物探方法都很难涵盖这两种物性的变化。为取得理想的预报结果，在巷道超前预报工作中应强调地震方法与电磁等方法相结合、物探技术与地质研究相结合，以便提高超前探测与预报的精度。因此，在深化反射波超前探测技术研究的同时，应对巷道超前综合探测技术进行研究，完成多种方法之间的融合。

（一）震电综合探测技术

综合探测技术研究是指利用地震反射波、直流电法及瞬变电磁技术相结合，并以地质调查资料相辅助，来进一步提高勘探精度和效率，已成为大多数研究人员的共识。运用地震波的运动学和动力学特性，能可靠地确定围岩的波速、反射界面的位置、界面两侧围岩力学特性的差异，为分析确定岩性界面、构造位置、岩体的工程类别等工程地质问题提供可靠依据。电磁（直流电及瞬变电磁）方法提供的电导率、电阻率剖面能很好地反映地下水的赋存状态。由于每一种物探方法都存在自身的技术特点，具有特殊属性和多解性，单一方法很难解决诸如此类的地质问题，因此采用综合探测技术是提高超前预报精度的一种有效手段。

针对巷道掘进空间地质条件，在系统研究各种岩（煤）地层物性的震波、电、磁场的响应特征基础上，获取各种特征的响应参数，总结巷道构造和流体探测的震电特征及变化规律，为巷道掘进多灾害源探测提供可靠的方法、技术。

（二）地质物探综合分析法

综合预报技术的核心内容是解决地质问题，将地质和物探技术相结合的方法为地质物探综合分析方法，其具体的工作过程包括以下几个部分的内容。

1.全面收集测区地质资料

巷道掘进过程中存在各种前期勘探资料。探测前必须熟悉和了解测区内大的地质环境、岩（煤）层分布状况、相关构造的形迹发育与分布规律；掌握整个巷道掘进的地质背景，指出存在的不良地质问题和地段；还要知道各段围岩的稳定程度，可能发生地质灾害的位置、规模、性质和防治措施，目的在于保证隧道

（洞）施工设计、施工方法和措施能顺应地质情况的变化，适时做出调整和修改。矿井巷道掘进必须对周边钻探及三维地震勘探资料全面了解，为现场探测提供分析依据。

2. 施工地质编录

对已开挖巷道地质状态的详细描述可作为超前预报的依据，该内容包括岩性、岩石坚硬程度及完整情况、断层及破碎带、节理裂隙、地下水、不良地质现象等。煤巷掘进特别应注意煤层结构的变化。

3. 围岩特性测试

根据工程需要，对岩石物理力学特性进行补充测试，如岩石点荷载强度、岩石回弹值、岩体弹性模量、软弱面剪切强度等；有时还应进行初始地应力和二次应力场的测试等。上述数据是预报围岩稳定性的重要参数。

4. 地球物理探测

根据岩体不同物理性质量测一定距离以内的物理力学参数的变化，据此判断出隧道（洞）工作面前方的地质情况。采用多种物探仪器进行超前探测，主要包括反射地震成像、直流电法、瞬变电磁法、隧道超前地质预报系统等技术。

以反射地震波法进行构造界面探测与分析，而利用直流电法和瞬变电磁法为主进行含水及岩层稳定性判定，不断提高对异常体的判断精度。

5. 地质物探综合分析

组成以地质工程师为主、物探及相关工程技术人员参与的施工地质组，对上述地质和物理探测资料进行整理和综合分析，最后做出施工工作面前方不良地质问题的预测预报，并提出相应的施工建议。

（三）直流电法超前探测技术

与巷道反射地震波法探测技术相比，直流电法对地下岩层介质含水特征具有较强的敏感性，因此常用来进行矿井水害探测与防治工作。其中，巷道超前探测是一个重要的研究方向，它能为解决隧道（洞）工程及矿山巷道掘进前方的隐伏导、含水地质构造、溶洞、采空区等重大隐患提供有效的技术参数，在软土基础隧道（洞）掘进中对特大含水体探测尤其重要。

巷道直流电法是根据岩石电性特征和空间电场分布来推断岩石分布和性质的一种地球物理分支方法。由于其勘探深度（超前探测距离）与测量装置的布设长度密切相关，在巷道长度满足要求的前提下，其勘探深度或超前探测距离可达200m以上。并且它具有勘探效率高、投入少、施工方便灵活、装置形式多样化等特点。尤为关键的是，电阻率法对含水构造等低阻异常体的反应灵敏度高、分辨能力强，在超前探测领域中有其独特优势。近年来，我国虽然在煤矿井下开展了大量的直流电法超前探测技术应用研究，但对巷道电阻率超前探测的系统理论研究较少。井下巷道作为一种特殊的地质条件，其内空腔的作用使电场分布与全空间有较大区别，巷道电阻率超前探测方法在理论上有待进一步研究和探讨。同样，巷道直流电法超前探测技术作为一种新的井下物探方法，在观测系统布置及数据处理等方面还必须进一步对比、验证和完善。

参考文献

[1] 杨晓杰，郭志飚 . 矿山工程地质学 [M]. 徐州：中国矿业大学出版社，2018.

[2] 杨金中 . 中国矿山地质环境遥感监测 [M]. 北京：地质出版社，2018.

[3] 王沙沙 . 矿山地质灾害与防治 [M]. 徐州：中国矿业大学出版社，2019.

[4] 孙瑞刚 . 矿山水文地质研究 [M]. 延吉：延边大学出版社，2016.

[5] 王生维，张洲 . 中国若干煤区煤层气藏地质 [M]. 武汉：中国地质大学出版社，2018.

[6] 康永尚 . 煤层气勘探开发地质工程 [M]. 北京：科学出版社，2020.

[7] 张守仁，吴见，叶建平 . 深煤层煤层气开发地质影响因素研究 [M]. 青岛：中国石油大学出版社，2019.

[8] 孟召平，刘世民 . 煤矿区煤层气开发地质与工程 [M]. 北京：科学出版社，2018.

[9] 张永波，张志祥，时红，等 . 矿山地质灾害与地质环境 [M]. 北京：中国水利水电出版社，2018.

[10] 王怀洪 . 矿井地质手册 地球物理卷 [M]. 北京：煤炭工业出版社，2017.

[11] 代革联 . 矿井水害防治 [M]. 徐州：中国矿业大学出版社，2016.

[12] 姬广忠，程建远，王季，等 . 煤矿井下槽波探测方法及应用 [M]. 北京：应急管理出版社，2020.